INVEST FOR GOOD　A Healthier World and a Wealthier You

ESG投资

[美] 马克·墨比尔斯 (Mark Mobius)

[美] 卡洛斯·冯·哈登伯格 (Carlos von Hardenberg)　　著

[美] 格雷格·科尼茨尼 (Greg Konieczny)

范文仲　　译

中信出版集团 | 北京

图书在版编目（CIP）数据

ESG 投资 /（美）马克·墨比尔斯，（美）卡洛斯·冯·
哈登伯格，（美）格雷格·科尼茨尼著；范文仲译 . —
北京：中信出版社，2021.7
书名原文：Invest for Good
ISBN 978-7-5217-3143-9

I. ① E⋯　II. ①马⋯ ②卡⋯ ③格⋯ ④范⋯　III. ①
企业环境管理—环保投资—研究　IV. ① X196

中国版本图书馆 CIP 数据核字（2021）第 105653 号

Invest for Good by Mark Mobius, Carlos von Hardenberg & Greg Konieczny
Copyright © Mark Mobius, Carlos von Hardenberg & Greg Konieczny, 2019
This translation is published by arrangement with Bloomsbury Publishing Plc.
Simplified Chinese translation copyright © 2021 by CITIC Press Corporation
ALL RIGHTS RESERVED
本书仅限中国大陆地区发行销售

ESG 投资

著者：　　[美] 马克·墨比尔斯　[美] 卡洛斯·冯·哈登伯格　[美] 格雷格·科尼茨尼
译者：　　范文仲
策划推广：中信出版社（China CITIC Press）
出版发行：中信出版集团股份有限公司
　　　　　（北京市朝阳区惠新东街甲 4 号富盛大厦 2 座　邮编　100029）
　　　　　（CITIC Publishing Group）
承印者：　北京诚信伟业印刷有限公司

开本：787mm×1092mm　1/16　　印张：11.5　　　字数：180 千字
版次：2021 年 7 月第 1 版　　　　印次：2021 年 7 月第 1 次印刷
京权图字：01-2020-3461　　　　　书号：ISBN 978-7-5217-3143-9
　　　　　　　　　　　　　定价：59.00 元

版权所有·侵权必究
凡购本社图书，如有缺页、倒页、脱页，由发行公司负责退换。
服务热线：010-84849555
投稿邮箱：author@citicpub.com

更健康的世界，更富有的你

目录

前言

写这本书的想法在 2017 年的秋天开始萌芽,本书的几位作者难得从全球新兴市场的投资工作中抽身出来,讨论一些更广泛的问题。

他们一致认为,当前有两个正在打破现状的变化为专业投资者带来了风险和机遇。第一个变化是近年来"被动"基金的迅速增长。之所以称为被动基金,是因为它以低成本的指数跟踪取代了对投资组合的主动管理。第二个变化是近年来同样快速增长的"ESG"(环境、社会、治理)投资,它在某些方面与第一个变化恰好相反。被动投资的增长意味着投资者脱离与被投资公司的接触,而 ESG 投资的增长则意味着投资者希望看到被投资公司以对环境和社会负责的方式经营,同时坚持高标准的公司治理方式。

在明确了被动投资和 ESG 投资的增长是 21 世纪初期基金管理行业发展的主旋律的背景下,作者们将注意力转向了上述变化对于新兴市场投资的意义。他们知道,规模越来越大的被动基金占新兴市场的比例并不显著,原因有二:一是新兴市场积极投资产生的回报十分可观,二是被动投资从根本上不适合这些流动性和有效性较差的市场。他们深知,与成熟市场相比,新兴市场的 ESG 投资面临着更多的挑战:一方面是信息不透明和监管缺失所导致的;另一方面也正是信息不透明和监管缺失导致新兴市场中很少有公司可以满足 ESG 的标准。

鉴于投资领域,特别是新兴市场投资领域的这些巨大变化,作者们决定做两件事情：一是成立一家新公司，专注于在新兴市场和前沿市场进行积极投资，特别是通过改善公司治理结构来提升经营业绩；二是写作本书，记录为什么他们的方法有可能在新兴市场和前沿市场取得成功，以及他们将如何实施上述战略。

作者们相信，他们完全有能力胜任这两项工作。墨比尔斯资本（Mobius Capital Partners，MCP）的联合创始人马克·墨比尔斯（Mark Mobius）具有40余年新兴市场和前沿市场主动管理的投资经验。在2018年3月MCP成立之前，马克曾在富兰克林邓普顿投资基金管理公司工作，后期担任邓普顿新兴市场集团执行主席。在他任职期间，其管理资产从1亿美元跃升到逾400亿美元，并推出了许多新兴市场基金、私募股权基金，以及开放式和封闭式共同基金。

马克在制定新兴市场国际政策方面发挥了重要作用。1999年，他应邀担任世界银行全球公司治理论坛私营部门咨询小组成员，并担任该论坛投资者责任特别工作组联合主席。他也是国际金融公司经济咨询委员会成员。自2010年起，他担任罗马尼亚石油企业OMV Petrom监事会成员，并曾担任俄罗斯卢克石油（Lukoil）公司非执行董事。

作为新兴市场投资领域无可争议的元老，马克获得了许多行业奖项和赞誉，包括：被《全球投资者》杂志授予"资产管理终身成就奖"（2017年）；被《彭博市场》杂志评为"50位最具影响力人物"之一（2011年）；获得"非洲投资者指数系列奖"（2010年）；被《亚洲货币》杂志评为"100位最具实力和影响力人物"之一（2006年）。2007年，出版了以他为主角的漫画传记《马克·墨比尔斯》。

卡洛斯·冯·哈登伯格（Carlos von Hardenberg），是MCP的三位杰出合伙人之一，拥有19年金融市场经验，其中17年在富兰克林邓普顿工作，他最初在新加坡担任研究分析师，专注于东南亚地区。在定居土耳其伊斯坦布尔之前，他曾在波兰生活和工作了10年。卡洛斯大部分工作时间都是出差亚洲、拉丁美洲、非洲和东欧，寻访公司并确定投资目标。

他负责管理国家、区域和全球新兴市场和前沿市场的投资组合。2015 年，卡洛斯被任命为在伦敦证券交易所上市的邓普顿新兴市场信托基金的首席经理，并取得了显著的业绩。他建立并管理了近年来最大的全球前沿市场基金之一。在加入富兰克林邓普顿之前，卡洛斯曾在伦敦和纽约的贝尔斯登国际公司担任企业融资分析师。

MCP 的另一位创始合伙人格雷格·科尼茨尼（Greg Konieczny）在金融市场拥有超过 25 年的经验，其中 22 年在富兰克林邓普顿工作。随后，他被马克招募麾下，负责研究和管理邓普顿新兴市场部在东欧的投资。

2010 年，格雷格成为罗马尼亚最大的封闭式投资基金 Fondul Proprietatea（FP）的基金经理，该基金也是伦敦最大的上市基金之一，净资产为 27 亿美元。该基金持有大量罗马尼亚私营和国有控股蓝筹公司的少数股权。在 7 年的管理工作中，他和他在布加勒斯特的团队帮助许多被投资公司改善了公司治理标准，从而使这些公司的财务业绩得到了显著提升，市场估值也大大提高。

作为邓普顿新兴市场部策略经理，格雷格专门负责新兴市场中国家或地区层面的投资策略。他和他的团队参与了不同行业和地区的大型公司治理结构的优化，以提升其管理水平。在加入富兰克林邓普顿之前，格雷格曾在波兰当时最知名的金融机构之一格但斯克银行（Bank Gdanski）工作了 3 年。

毋庸置疑，鉴于作者们在新兴市场投资领域共计拥有 80 年的经验，他们对本书所涉及的问题、观点和概念的理解具有一定的权威性。

然而，如果秉持 ESG 投资中环境保护的主旨，纸质图书可能并不受推崇，那么为什么这本书的出版，以及基金管理公司 MCP 的存在是必要的？又为什么是在现在这个时刻？

对于这些问题，有两个答案。

第一个答案是，作者们对被动投资势不可当的发展趋势表示担忧。他们承认被动投资较低的管理费的确对投资者很有吸引力，但也认为这是一种对经济发展的威胁。当投资者对所投资的公司不感兴趣并盲目地跟踪一些股票指数时，他们就无法对资本在公司、行业或国家之间的配置施加影响。而正是我们今天对资本投资的配置方向，决定了我们明天将生活在一个怎样的世界。

所以当被动基金似乎要横扫资本市场时，作者们要站出来力挺积极投资的优点及其配置能力。

对于"为什么是这本书，为什么是现在？"的第二个答案是，虽然 ESG 被作者们大力推崇，但其作为一种投资理念尚在襁褓之中。尽管 ESG 很流行，但是 ESG 投资目前主要是在欧洲市场，而且主要手段仍是负面筛选，即将未通过 ESG 测试的公司从投资组合中剔除。然而，作者们认为，只有将 ESG 投资与积极投资结合起来并将其推广到新兴市场，ESG 投资对管理和公司治理的影响才能发挥最大的作用，进而使 ESG 投资的正面效用最大化。

引言

"它赚钱吗?"一位代表在 2018 年年初的一次会议上问道。当时马克在会议上介绍了 MCP 将以积极把 ESG 投资理念引入新兴市场为使命。

这位代表并非对 ESG 一无所知,她非常清楚"ESG 投资"指的是在投资决策时将环境、社会和治理因素考虑在内。在这种语境下,她也不会对"积极"一词的含义有任何疑问。她应该知道,"积极"在投资中意味着参与投资组合中的公司事务,而不是被动地跟踪指数。

她的潜在问题是:ESG 投资,特别是积极的 ESG 投资,能否在新兴市场获得合理的回报?

正如我们将要看到的,有证据表明,她前半个问题的答案是肯定的。ESG 投资实际上比非 ESG 投资盈利会略高一些。证据还表明,积极投资比被动投资得到的利润更多。问题的第三部分(积极的 ESG 投资能否在新兴市场获得合理的回报),也可以暂时得到肯定的回答,尽管确凿的证据较少。

我们马上要进入 21 世纪的第三个 10 年,ESG 这 3 个字母对全球投资界正产生巨大的影响。这个词挂在每个人的嘴边,各种基金公司和财富公司每天都在宣告对其所代表的商业哲学的忠诚。

过去一些单纯倡导负责任投资的压力集团①,由于没有充分理解

---

① 压力集团指的是代表特殊群体利益而对政府执政施加压力的团体或组织,如动物保护协会、绿色环保组织等。——译者注

基金经理所承担的受益人的信托责任，它们的倡导和呼吁并没有得到重视。然而随着历史的演进，更多更有影响力的相关方参与进来，ESG 投资逐渐走上经济和社会的历史舞台。

回顾历史，在这个进程中发挥重要作用的团体包括：18 世纪的清教徒，他们厌恶酒精和烟草的邪恶，强烈反对大西洋奴隶贸易；19 世纪 60 年代婴儿潮时期出生的生态学家和环境学家，他们极力鼓吹公社制和自给自足的梦想；19 世纪 80 年代的反种族隔离倡议者；以及联合国，标志性事件是其下属机构世界环境与发展委员会于 1987 年出版《我们共同的未来》（又名《布伦特兰报告》）。

今天，这些团体还包括：开展企业社会责任（CSR）项目以及履行降低碳足迹承诺的公司，出台更严格的环境和社会法律法规的政府，发布一连串新 ESG 报告要求的自治组织，关注环境退化或社会剥夺的慈善机构和基金会，综合考虑慈善投资和商业投资元素的所谓新影响力投资者，努力用数字展示 ESG 业绩的 ESG 指数编制者、分析师和顾问，被动 ESG 指数跟踪基金，推动其投资组合中的公司符合 ESG 要求的积极投资者。

所有这些团体或组织都发挥着各自的作用，但是 ESG 的明星并非它们。它不是一个人或一个组织，而是一代人，即 20 世纪 80 年代和 90 年代出生的"千禧一代"。正是他们的世界观、即将掌握的权力、挑剔的消费习惯［例如，他们对带有公平贸易标志的产品和带有通用回收标志（URS）的包装的偏好］、对现代社交媒体的掌握以及永不满足的好奇心，赋予了 ESG 经济和政治上的力量。

ESG 逐步成为投资活动中心的另一个原因是，千禧一代比他们的父母消息更加灵通，投资者不再像以往那样对情况一无所知。

自从蛇引诱亚当吃掉苹果，投资者一直因为信息获取不足而处于不利地位。对所投资的业务和公司缺乏了解使他们很容易成为骗子、贪污犯、不道德的股票发行人和不称职或腐败的管理人的猎物。1720 年，南海公司破产致使众多投资者陷入贫困，以至于英国政府不得不通过《泡沫法案》，将投资者的责任限制在他们所投资的金额范围之内。

几个世纪以来，随着信息可获得性的增加，企业信息披露要求更加严格，投资者信息获取不足的问题及其伴随的风险已经有所缓解。但是，每年仍有投资者因对所投资的公司和企业不够了解而导致大量资金亏损。

互联网引发的信息爆炸，以及电脑和智能手机的广泛使用，有望将许多以前隐藏的信息公之于众，从而缓解投资者信息获取不足的问题和伴随的风险。

在现今信息更加丰富的时代，虽然老问题变得更容易解决，但也出现了更难回答的新问题，其中许多与 ESG 有关。千禧一代希望他们购物、工作和投资的公司是好的、善良的、有责任感的，并且具有可持续发展的商业模式。千禧一代的投资者并不仅仅满足于投资组合能赚钱这一点。

在新兴市场，ESG 评估问题尤为突出，这些市场对 ESG 的信息披露要求不够严格，也没有相关的管理规定。例如，据估计，亚洲仅有不到 50% 的公司披露了碳排放数据，而在欧洲这一比例是 90%。在透明国际建立的国际清廉指数（CPI）排行榜上，除去个别例外情况，新兴市场国家的排名往往低于成熟市场。由于缺乏新兴市场公司的可靠信息，目前主导基金管理市场的被动基金往往避开新兴市场。它们宣称原则上遵守 ESG，但是其低成本的商业模式迫使其只能依赖一套新的 ESG 指数。这套指数并不能像覆盖成熟市场那样覆盖新兴市场。在我们看来这是一个遗憾，因为新兴市场投资者对公司施加压力并要求它们遵守 ESG 原则会结出最大的善果。

在世界上那些仅靠筛选，ESG 指数和案头研究无法触及的领域，积极投资（去公司亲自考察）是获得足够的用于测算风险信息的唯一途径。

新兴市场是现代投资的前沿。就像 19 世纪的美国西部，为投资者提供了经典的高风险和高回报并存的投资模式。积极投资，也就是我们的投资方式，是唯一能够打开新兴市场企业宝藏的钥匙。

积极投资或新兴市场的积极投资并没有什么新鲜的东西。我们在本书中关注的是 ESG 原则在新兴市场积极投资中的应用进展。ESG 投资，或众所周知的可持续投资，是引领我们的火炬。ESG 投资原则尽力确保资金部署能够反映投资者对稳定且治理良好的社会和公司的愿望，以及巴克明斯特·富勒（Buckminster Fuller）所谓的地球飞船生态完整性的愿望。这本书是一个宣言，不是为我们公司，而是为在新兴市场开展积极 ESG 投资的宣言，新兴市场目前仍由被动资金管理所主导。积极投资者可以带来改变，而被动投资者只能维持现状。

我们从第一章开始，讲述社会责任投资（SRI）的起源和 ESG 投资的一些前身，包括联合国责任投资原则组织的六项原则，以及联合国对新兴市场提出的 17 个可持续发展目标。我们介绍了目前 ESG 的发展现状和规模，最后围绕环境、社会、治理分别给出初步的概念性介绍，并简要讨论它们之间的相对重要性和相互作用。

第二章重点讨论了 ESG 的前两个维度：环境和社会，讲述了这两个维度的起源，并为投资者列出了关键的问题和选择。我们介绍了负面和正面筛选的区别，并指出投资者有时会面临的两难选择，因为有些行动或政策会损害 ESG 的一个维度但同时有利于另一个维度。

在第三章中，我们将关注点转向 ESG 的第三个维度：治理。我们关注由透明国际跟踪的新兴市场国家快速变化的清廉指数，重点描述了腐败与经济增长之间的联系，并讲述了我们作为投资者所遭遇的公司腐败的故事。我们还介绍了其他治理问题，如性别歧视，以及因商业与政治联系过于密切引起的其他问题。

第四章是关于国家和企业层面的治理改革。我们借助东欧的案例来研究国家（宏观）和企业（微观）治理改革之间的关系。

第五章是关于积极投资的。描述了在被动投资主导一切的时代，企业和政府对于资本的渴望如何给予积极投资者足够大的权力来影响企业和政府行为。其中列举了一些关于投资者权力成功的典型案例，以及一些全球规模领先基金的 ESG 承诺，并讲述了我们作为积极投资者在新兴市场行使权力方面获得的经验与教训。

在第六章中，我们描述了新兴市场投资者的资本谱系，从慈善机构和援助项目到像我们这样的积极投资者。我们认为这个连续的谱系是一个阶梯，或者说是一个等级体系，新兴市场公司要想融入全球经济，就必须攀登这个阶梯。我们讨论了跨国公司通过其当地子公司与合作伙伴对新兴市场进行投资，以及我们作为它们共同投资者的经历。我们介绍了财务回报和心理回报的区别，并表明两者之间的平衡在这个等级体系的不同层级上是不同的。

第七章讨论了基金业绩和评估 ESG 的挑战。我们参考了最近的一项研究，该研究表明，尽管 ESG 投资者在心理和财务回报上都受到激励，但迄今为止，还没有因为坚持 ESG 合规性而付出经济代价。我们评估了 ESG 的评估者和跟踪者的作用，包括非政府组织、ESG 指数编制者和发布者、分析师和顾问、基金会和原始数据的收集者，以及各类投资者。

本书最后是第八章，对可持续的新兴市场投资的长期影响进行了一些推测。例如，它能否带来一个更加稳定、和平、繁荣的非洲？或者是否能减少贫困，提高增长率和生产率？是否有助于提高新兴市场的生活水平？将新兴市场的积极投资视为对实现联合国可持续发展的重要贡献是否合理？

可持续的 ESG 投资正在成熟。在更加成熟的市场中，它正迅速成为企业环境中非常重要的一部分,以至于所有公司在起草计划或战略时都不能再忽视 ESG 的理念和判断。自从股份公司出现以来,上市公司的所有者第一次学会了如何展示他们的肌肉,清楚而有力地说出公司的善。

这种压力只会继续增加。《美国信托》的一项调查显示,3/4 的千禧一代在投资时高度重视社会目标;这与婴儿潮时期出生的人形成鲜明对比,他们的比例只有 1/3。在美国,千禧一代已是主力军。在做出投资决策时,将政治、环境和社会影响看作有些重要或非常重要的比例是婴儿潮一代的两倍,而在将投资决策作为表达自己价值观的一种方式上(I.1),比例则是婴儿潮一代的两倍多(分别为 76% 和 36%)。

从这些结果可见,千禧一代想把钱投资到他们的 ESG 价值观可以发挥最大效用的地方并非没有道理。我们相信这些地方就是新兴市场。

ESG 投资并非一时潮流,而是大势所趋。它是公司募资需要持续考虑的因素。投资者清楚地看到 ESG 原则已被广泛运用,全球有超过 20 万亿美元的投资基金至少在口头表示遵守 ESG 原则。由于人类广泛的好奇心,并借助于现代先进的通信科技手段和社交方式,我们得以揭开长期以来盖在企业活动造成的环境和社会影响上的神秘面纱。人们可以在纪录片和网络视频中看到塑料垃圾对海洋、河流和公共场所造成的危害。随时可见的卫星图像显示雨林和珊瑚礁正以惊人的速度减少,而沙漠正迅速扩张。例如,据估计,非洲的撒哈拉沙漠在不到一个世纪的时间里就增加了 150 多万平方公里。人们还可以体验到空气污染,或在电视和社交媒体上看到其他人戴着口罩。

新闻频道、博客和大众市场社交媒体平台的快速增长,揭露了与全球供应链相关的血汗工厂和人口贩卖。无论是在成熟市场还是新兴市场,腐败的公司都变得无所遁形。

ESG 投资并不能从根本上解决这些问题,但我们看到它已日渐成为推动世界变得更加美好的一股积极的、向善的力量。

第一章

好公司的理念

我们乘车去会见尼日利亚一家石油精炼厂的负责人，汽车行驶在一条布满尘土、坑坑洼洼的道路上，空调在酷热中努力地工作着。前方有一辆油罐车，正小心翼翼地绕过大坑洞，我们尾随其后缓缓前行。油罐车突然刹车停了下来，我们的司机也随即踩了刹车，车滑了快1米才停下来。

我们就这么在车里等着。

几分钟后，两个十几岁的年轻人从路边的灌木丛中走出来，手里都拿着一个10加仑的扁平状白色塑料容器。他们没有左顾右盼，径直走到油罐车后面，打开一个阀门，看起来像原油的液体装满了白色的容器。之后，关上阀门，拿着战利品消失在灌木丛中。

气动刹车发出嘶嘶声，油罐车恢复了行程。

当我们的司机放开手刹并继续跟上这辆略微少了些原油的油罐车，我们互相看了看，苦笑了一下。有人提醒过我们，几年前我们在东欧投资的另一家石油公司也遭到了同样的掠夺，尽管没有那么公开。

这就像在时光隧道，看着一个现代版的马车在光天化日之下被歹徒抢劫，而这显然是油罐车司机纵容导致的。我们注意到，这辆油罐车上的公司标志，正是我们一直在考虑投资的公司。对于我们这些来自未来的访客来说，这似乎是违反ESG所有三项原则的证据。

在同样的事情发生两次以后，卡洛斯开始担心这次访问是浪费精力。他已经将该公司视为潜在的投资对象，但现在不得不重新考虑。如果该公司任由此类由油罐车司机协助和怂恿下的明目张胆的盗窃行为继续发展，我们就必须担心其管理和公司治理的质量。他对我表示出了这些担忧。

"我们应该打电话取消会议吗？"他问。

"不，"我说，"快到了，让我们听听他们要说什么"。

在听到东道主说什么之前，让我们回到现实，回顾一下使我们走上西非这条坑坑洼洼道路的那些环节，我们对即将访问的公司是否可以成为我们投资组合中有益的补充，充满了越来越多的疑问。

ESG 的起源

当公司不受任何管制时，它们往往会表现极差，因为它们在追求价值时没有充分考虑外部性——经济活动对不相关第三方的附带影响。它们倾向于有效的解决办法，而不是负责任、公平或公正的解决办法。其结果是导致环境退化、供应链上的社会和经济剥夺、腐败、盗窃以及其他违法行为。

至少从 18 世纪开始，资本供应者就一直在努力通过选择性投资来规避违法的公司。在《金钱的使用》（*The Use of Money*）一书中，约翰·卫斯理（1703—1791），卫理宗创始人，敦促他的信众不要让他们的企业伤害他们的邻居，规避诸如制革工业和化学制品等可能损害工人健康的行业，并避免投资于武器、酒精和烟草等"罪恶"的产品供应商。

在 1861 年美国内战前，许多人从奴隶贸易中积累了财富，但教友派（贵格会）的成员不在其中。自 18 世纪中以来，他们被禁止参与奴隶贸易。

1972 年 6 月，9 岁的越南姑娘潘金淑（Phan Thi Kim Phuc）在极具破坏性的凝固汽油弹的袭击下，赤身裸体地奔跑着逃离村庄。这张由黄功吾（Nick Ut）拍摄的普利策奖获奖照片引起了愤怒，由此引发了民众对凝固汽油弹制造商陶氏化学公司和其他在越南战争中获利的美国公司的抵制。

当南非处于广受批评的种族隔离制度的时候，许多所谓的道德信托和良心基金以及数十个州和地方政府，通过了禁止投资南非股票的法律或规则。1987 年 7 月，《商业周刊》估计，此类基金总额约为 4 000 亿美元；而根据纽约某智库的经济优先权委员会的数据，1984 年此类基金总额仅有 400 亿美元。也就是说，仅仅 3 年间就增长了一个数量级。社会投资论坛成员中的基金经理在 1983—1987 年增加了 3 倍。

上述做法和世界其他道德投资者使用类似的筛选方法，给南非公司带来了压力，使它们失去了许多全球的商业融资来源。这种压力的原理很简单。有一笔钱——M，可供公司使用。E 是 M 的一部分，进行了道德筛选。通过道德测试的公司可以获得 M，但那些不能通过道德测试的公司只能获得 M − E 这部分资金量。因此，在其他条件相同的情况下，后者的资本成本将高于前者（正如我们将在第七章中看到的，符合 ESG 原则的公司也因为其他原因而享有成本优势，因此面临的风险更少，营收往往更稳定）。

最终，一些雇用了 3/4 的南非籍职员的企业签署了一项宪章，呼吁结束种族隔离。在 1987—1993 年，南非白人民族党与南非非洲人国民大会（ANC），即反种族隔离运动，就结束种族隔离和实行多数统治举行了会谈。1990 年，包括纳尔逊·曼德拉（Nelson Mandela）在内的非洲国民大会领导人获释出狱。种族隔离立法于 1991 年年中被废除，为 1994 年 4 月的多种族选举铺平了道路。

当然，禁止在种族隔离的南非开展投资并不是外国对南非执政党施加的唯一压力，但是它帮助南非商界看到曙光，它对该国多种族民主化的贡献不应被低估。

反种族隔离运动的成功，首次证明了对社会负责的投资者所具有的强大力量。在种族隔离政权烟消云散之后，这一力量依然存在。

从 20 世纪 90 年代中期开始，社会责任投资者的注意力转向了绿色问题。1962 年，蕾切尔·卡森（Rachel Carsons）在《纽约时报》的畅销书《寂静的春天》（Silent Springs）中对过度使用农药导致环境退化问题提出了警告，自此这成为婴儿潮一代关注的热点问题。巴克明斯特·富勒在 1968 年发表了《地球号太空船操作手册》，深入分析了世界对化石燃料（石油、煤炭和天然气）过度依赖的危险性。

从 1968 年至 1972 年，斯图尔特·布兰德（Stewart Brand）在《全球概览》（Whole Earth Catalog）上以全新的行星视角观察人类的生存环境，该灵感来自从太空遥看地球的图像。它聚焦在自给自足、生态和"整体主义"思想，认为万物皆有联系。该杂志第一期封面图片是 1967 年由 ATS – 3 卫星拍摄合成的地球的第一张彩色图像。

由美国参议员盖洛德·尼尔森（Gaylord Nelson）创立的十年一次的世界地球日系列活动，关注因石油泄漏、工厂电厂污染、未经处理的污水、有毒的垃圾、农药、土地流失和野生动物灭绝等一系列问题对地球造成的危害。1970 年首个世界地球日导致美国设立国家环境保护署，出台《清洁空气、清洁水和濒危物种法》。

1972 年在斯德哥尔摩举行的联合国人类环境会议，为环境保护共同方案的出台铺平了道路，并导致 1997 年《京都议定书》和 2016 年《巴黎协定》等一系列倡议的出台。

1987 年，联合国出版了《我们共同的未来》，这是另一个重要的里程碑，在这一年，马克被任命管理世界首只新兴市场基金。这份报告由挪威前首相、联合国世界环境与发展委员会主席格罗·哈莱姆·布伦特兰（Gro Harlem Brundtland）提出，因此也被称为《布伦特兰报告》。报告重点关注多边主义和各国在实现可持续发展方面的相互依存关系。该报告被视为 1972 年斯德哥尔摩会议精神的复兴，坚定地将环境问题纳入政治议程。

长期以来，大企业是环保主义者的敌人。艾琳·布劳克维奇（Erin Brockovich）就是一个例子。她是一位没有受过专业法律培训的单身母亲，然而，1993 年，她成为起诉加利福尼亚太平洋天然气和电力公司（Pacific Gas and Electric Company of California）的关键人物，并赢得了官司。她的事迹被改编成电影《永不妥协》，由朱莉娅·罗伯茨主演并因此获得奥斯卡最佳女主角奖。

但是，环保主义者与大企业之间的敌对状态有所改观。琼·巴伐利亚（Joan Bavaria）和丹尼斯·海斯（Denis Hayes）是第一个世界地球日的协调员，他们于 1989 年创立了环境责任经济联盟（Coalition for Environmentally Responsible Economics，CERES），这是一个汇集投资者、环境组织和其他公益团体的组织，致力于与企业合作解决环境问题。

在反种族隔离运动中使用撤资的做法，也被用于应对达尔富尔地区（Darfur）的种族灭绝行为。2006 年，大批资金从苏丹流出。2007 年，美国政府通过了《苏丹责任和撤资法》。

2007 年洛基会议（SRI in the Rockies，由北美洲投资者、专业投资人士和组织参与的会议）之后，原住民在工作条件、公平工资、产品安全和平等就业等领域的权利，成为社会责任投资关注的焦点。

最近，多样性问题，如性别薪酬差距以及妇女、少数族裔和其他少数群体在董事会和执行委员会中的代表性问题，愈发成为突出问题。

《联合国责任投资原则》（United Nations Principles for Responsible Investment，UNPRI）于2006年在纽约证券交易所发布，从国际社会层面进一步整合社会责任投资相关问题。截至2017年8月，来自50多个国家的1 750多家投资机构签署了这一文件，这些机构管理着约70万亿美元的基金。

签署PRI的投资机构承诺有义务为受益人的长期利益采取行动，它们也认识到环境、社会和治理问题会影响到投资组合的业绩。它们认识到，实施《联合国责任投资原则》，"可以更好地使投资者与更为广泛的社会目标保持一致"。在符合其信托责任的情况下，签署方做出如下承诺。

1. 将ESG问题纳入投资分析和决策过程。
2. 成为积极投资者，并将ESG问题纳入其股权政策和实践。
3. 寻求被投实体合理披露ESG。
4. 推动投资行业对责任投资原则的接受和落实。
5. 共同努力，提高责任投资原则实施的有效性。
6. 对实施原则的活动和进展情况进行报告。

最近出现的可持续投资理念是另一个整合了社会责任投资的主题。一项投资或一项投资战略的可持续性或不可持续性，是指在所有可能的情况下，随着时间的推移，它在多大程度上仍然有效。例如，具有不良环境记录的公司的股份不是可持续投资，因为它的价值随时可能因为法律诉讼、损害赔偿或罚款，以及其他监管制裁而降低。同样，一个对员工不好或仅支付微薄工资的公司不能被看作可持续投资公司，因为该公司股票价值可能会因为低生产率、低产品质量和昂贵的劳资纠纷而降低。较低的公司治理标准会带来代理成本风险，这其中包括低效的管理、疏忽、不明智或鲁莽的决策和战略，以及包括欺诈在内的非法行为。

在实践中，可持续性和ESG可被视为是等同的。ESG是一个更精确、更不模棱两可的术语，并具有更高的知名度。我们将在本书中使用它。除禁止一切形式的腐败外，公司治理的组成部分现在包括投资者抵制公司清理无表决权股份、过高的高管薪酬、其他代理成本及董事会和执行委员会多样性不足等问题。其他被认为是公司治理不良的问题包括健康和安全记录差、消费者保护不足、腐败及欺诈或显失公平的交易，如德国汽车制造商大众试图使用所谓的"减效装置"使其柴油发动机逃避环保规定，这一事件曝光后引起了公众的愤怒。

最近，ESG和可持续投资关注的环境、社会和治理问题，标志着投资者权力已经发展到一个重要的转折点。ESG和可持续投资者关心的不再是他们投资的是什么样的公司，而是他们可能投资或不投资的公司在做什么。

在发达市场，ESG的标准筛选已经变得非常广泛和复杂，以至于它产生了一个"何为善"模型，这个模型是所有面临着越来越大的来自ESG投资者压力的公司必须采用的模型。然而，新兴市场并非如此。

ESG模式改变公司的力量取决于投资者可以获得多少用于判断公司是否符合ESG要求的信息。大多数自封的ESG投资者认为，新兴市场公司不符合ESG要求，仅仅是因为他们缺乏评估所需的信息。

当我们开车通过大门进入炼油厂区，并在办公室前停车时，我们并没有提前假定该公司不符合ESG要求。我们只是因为在路上所见到的而有所怀疑，但我们的思路始终是开放的。

先进的标准

根据 2016 年全球可持续投资联盟（Global Sustainable Investment Alliance，GSIA）发布的《全球可持续投资评论》，全球有接近 23 万亿美元的资产正在践行"可持续"投资理念，这比 2014 年的上一次统计增加了 25%。欧洲以外，所有区域按照 ESG 原则管理的资产比例都有所增加（1.1）。

据预测，全世界责任投资总额在所有被管理的资产中占比为 26%。这一数字较 2012 年的 30.2% 有所下降，这主要是因为欧洲可持续投资论坛（Sustainable Investment Forum Europe，Eurosif）决定将某些类型的 ESG 排除在责任投资的范畴之外。欧洲有着比世界其他国家加起来更多的"可持续"管理资产，因此这一决定对全球数据产生了显著影响。

到目前为止，全球 ESG 投资的绝大部分（2016 年为 95%）由欧洲（2016 年为 12 万亿美元）、美国（9 万亿美元）和加拿大（1 万亿美元）组成；日本、澳大利亚和新西兰 3 个国家合计为 1 万亿美元；在 23 万亿美元的总额中，亚洲其他国家贡献了 520 亿美元。

由于缺乏可靠的数据，GSIA 不统计非洲或拉丁美洲的信息，只是在 2016 年的报告中对这两个区域进行了简单的介绍。关于拉丁美洲，报告关注了哥伦比亚、阿根廷、智利、墨西哥和秘鲁的监测机构，这些机构多数得到了当地证券交易所的支持；关于撒哈拉以南非洲，报告主要关注了南非、尼日利亚和肯尼亚三大经济体中的"影响力投资"。

随着 ESG 和"可持续性"成为责任投资的动力，筛选方法的快速增长被带动了。根据 GSIA 要求，投资者经常采用的基本方法有以下 7 种。

1. **负面/排斥性筛选**：根据 ESG 标准从投资组合或基金中排除某些行业、公司或商业。

2. **正面/最佳类别筛选**：根据 ESG 表现，在投资组合或基金中纳入比同行业竞争者更优秀的领域、公司或项目。

3. **基于规范的筛选**：要求投资标的符合国际通行的最低标准企业行为准则。

4. **整合 ESG**：投资顾问在财务分析中系统地、具体地纳入 ESG 因素。

5. **可持续投资**：投资于促进可持续性的公司，如清洁能源、绿色技术和可持续农业。

6. **影响力/社区投资**：在私营（非公开）市场，有针对性地开展旨在解决社会或环境问题的投资，包括社区投资，资本投向传统金融服务难以覆盖的个人或社区，以及具有明确的服务于社会或环境宗旨的企业。

7. **企业参与或股东行动**：利用股东权力，通过与高级管理层和/或董事会交谈、提交或共同提交提案，以及以 ESG 原则为指导的委托投票来影响公司行为。

简单的负面筛选投资方法在全球投资总额中所占份额最大，为 15 万亿美元，接下来是"整合 ESG"（10.4 万亿美元）和"企业参与"（8.4 万亿美元）。从国别来看，负面筛选法在欧洲占有最大的份额；"整合 ESG"是美国、加拿大、澳大利亚/新西兰和亚洲的主要类别，但不包括日本；在日本，"企业参与"占主导地位。

这些方法可以根据它们的积极程度进行排序。前三种本质上是被动行为。第四和第五种是带有积极的选择性，第六和第七种是真正的积极投资，因为投资者利用了自己的权力，来影响投资组合中公司的目标和行为（关于影响力投资的更多信息，见第六章）。

GSIA 的研究表明，ESG 可持续投资还是以西方为主，特别是以欧洲为主，同时负面筛选作为欧洲的主流方法，也是 ESG 的主流方法。这说明受欢迎的可持续/责任投资的方法，会因为当地资本市场的成熟程度和民众的关注程度，包括基金受益人的不同而不尽相同。例如，在成熟的西方市场常见的负面筛选方法不适用于新兴市场，因为在这些市场中，只有少数公司才能通过被动筛选的测试。

对投资者来说，这是新兴市场的一大吸引力。除了提供高于平均水平的增长前景外，低效、糟糕和/或不诚实经营的本地公司比在更成熟市场上的公司更容易借助股东权力的实施而得到补救，拥有更大的改进空间。从 ESG 的意义来说，在成为"更好的"公司之后，它们的股票将变得更有价值。

这就是新兴市场的秘密。践行 GSIA 提出的参与企业经营的理念会得到丰厚的回报。

动机和看法

在对新兴市场的 ESG 投资采用企业参与方式时，我们的使命不是传播环境和社会责任以及公司治理的福音。我们可能有一些福音派的元素，但成为福音派不是我们的目的。我们的目的是通过在世界前沿地区经济发展的早期阶段找到投资机会，为将资金交由我们管理的客户创造价值。

在我们访问过的所有国家，到处都存在着对经济发展的渴望，以及对获得全球流动资本的渴望，而我们是这些资本的贡献者。这是个议价过程。我们需要它们的能量和创造力，它们的公司需要我们的钱。

它们的公司负责人知道这一点。他们知道，为了吸引我们的兴趣和我们的钱，就必须遵守我们的 ESG 投资要求。

他们可能认为我们的要求是荒谬的、不合适的或彻头彻尾愚蠢的，但他们会认真对待，并尝试遵守，因为这样做是进入国外资本池的必要条件。这些公司的一些领导人在国外大学和商学院学习后返回家乡。他们不认为我们的要求是不合理的，他们知道，所有控制国外资本池水龙头的其他人也不会这么认为。

新兴市场的许多企业都渴望通过融资而增长。由于当地资本市场仍处于起步阶段，资本供应往往有限。显然，让自己变得对国外投资者来说更具有吸引力，符合新兴市场快速增长的公司的利益。

新兴市场公司对资本的渴求，以及缺乏供国外投资者做出投资决定的可靠信息，促使卡洛斯于 20 世纪 90 年代末回归故乡。不久以后，卡洛斯加入了马克的团队。

就像公司需要让投资者看起来很优质一样，我们的基金让大多数在欧洲和美国的潜在投资者看起来有吸引力也是符合我们利益的。2016 年 GSIA 的研究表明，在全球管理的资产中，超过 26% 的资产以某种方式接受 ESG 筛选，在这约 23 万亿美元的资产中，欧洲和美国占了 90%（见上文）。现在，在我们的业务中，良好的 ESG 标准与在新兴市场赚钱的声誉一样重要。

对于那些需要资金的公司来说，我们自身的观点无足轻重，重要的是我们的投资者和那些潜在投资者怎么看。举个例子来说，即使我们都是气候变化的怀疑论者，或者如果我们认为在一个新兴市场中，低工资比没有工资要好，但这并不会影响我们对所投公司进行深入细致的 ESG 分析。

我们基金的投资者和潜在投资者的看法是重要的，这不仅是因为这有助于他们确定是否投资，而且当他们以投票人、顾客、客户、供应商、当前或是未来的雇员等角色出现时，他们很重要，他们对公司的经营环境产生了影响。

例如，环境问题并不局限于所谓的绿色政党。它们是现代政治中一个广泛且重要的跨党派主题，在《巴黎协定》中制定了一项国际协议，约定该协议的所有签署方应承诺达成减少碳排放的挑战性目标。这些承诺很有可能体现在旨在遏制碳排放的地方法律和条例中，公司将有义务遵守这些法律和条例。

我们不要忘记政治家关心环境问题的原因是选民关心这些问题。在微观层面，每个个体也会筛选公司遵守 ESG 情况，以决定是否为该公司工作或继续为其工作，以及是否购买或继续购买该公司产品。

因此，当我们看到一家公司无视 ESG 原则并似乎不愿停止时，我们不太可能投资它，不是因为它做得不对或行为不道德，而是因为它存在各种风险，如因违反法律或不遵守法规而被罚款，容易遭遇商业纠纷以及公司吸引和留住员工及客户的能力下降等。

ESG 基金不应被视为反映投资者在投资中的道德偏见的道德基金。它们回避某些做法和品质，不是因为它们本身不负责任、不道德或不讲伦理，而是因为有证据表明，实行或表露出这些做法和品质的公司往往在资本市场表现不佳。

经济发展

企业家和他们创办的企业是一个国家经济发展的主要推动力量。一个国家的经济起飞，需要三方面因素：一是良好的营商环境，使得产权能够得到有效保护，法制能够有效实施；二是一定的资本投入；

三是相当数量的企业群体。经济起飞可以以各种方式触发。1978年11月，中国安徽省小岗村18户农民冒着风险，以"托孤"的方式秘密签下了一份协议，把当地公社的集体土地包产到户（以家庭为单位）。

1979年，小岗村的粮食产量为9万公斤，约相当于前20年的全部收成。从小岗村开始的农业"大包干"，从此拉开中国农村改革的序幕。小岗村被称为"中国农村改革第一村"。

生产盈余取代了长期存在的短缺，许多创业农民将其用作副业的创业资本。到1985年，中国农村家庭的平均收入增加了两倍。农业效率的急剧提高，以及随后数百万中国人从土地劳动中得以解放，点燃了中国经济奇迹的火花。

正是这种创业活动的高涨和大量人口从乡村涌入城镇，吸引了外国资本为中国的工业革命提供资金。

今非昔比。中国已成为经济强国。其他国家现在正以不同的方式和不同的路线崛起。在每一类情况下，外国投资者都提供了经济起飞所需的很大一部分资本。这些投资者知道，没有起飞发生在真空里，每个人都站在前人积累的技术、系统、技能和学问的肩膀上。今天即将起飞的国家将要加入一个全球化、全面互联的经济体，并将有机会跨越经济发展的几个阶段（见第六章）。

借助外资，它们的无线和互联网平台得到迅速发展，它们没必要投资昂贵的固定线路网络。互联网和10亿用户的多用途平台，如微信（腾讯的一款"无所不能"的软件，提供信息、社交媒体、游戏和移动支付功能），正在向创业者开放一系列新的商业和营销模式。特别是撒哈拉以南非洲国家，拥有丰富的可再生能源潜力，而开发这种潜力所需的设备，包括太阳能电池板，正变得越来越便宜。全球大学和商学院学生的国际化程度越高，知识传播的速度就越快越广。

2018年3月，44个非洲国家签署了一份《非洲大陆自由贸易协定》，取消了90%进口货物关税。自由贸易协定可以提高非洲经济体的增长率，促使非洲大陆首次出现一体化经济体。

由于非洲大陆的殖民历史，非洲国家与前宗主国的贸易联系比彼此间更强。布鲁金斯学会（Brookings Institution）估计，2016年，非洲内部出口占非洲出口总额的18%，与亚洲和欧洲的出口比例分别为59%和69%形成鲜明的对比。因此，非洲内部贸易有很大的发展空间（1.2）。

我们的方法

绝不是所有自称经过ESG筛选的基金都会采用积极的方法——"企业参与"和"影响力投资"。他们中的许多人使用"ESG"和"可持续"的语言，但那只不过是营销工具而已。他们遵守ESG投资理念的文字，但不符合其精神，有其形而无其神。对他们来说，"ESG"和"可持续"，仅仅是用一套标准勾选打分而已。而对我们来说，ESG和可持续发展则是我们每一项投资决策的核心问题。

正如我们之前所指出的，当我们在新兴市场寻求投资机会时，被动筛选不起作用，因为很少有新兴市场公司能通过ESG测试。被动筛选在新兴市场效果不佳的另一个原因是，就像早期的智商测试一样，ESG测试需要关注文化背景差异，无法使用一套统一的标准进行打分。在一个理想的世界里，所有的国别文化相近、所有的企业按照相同的价值标准去争取全球的资金支持，通过ESG测试，资金将流向那些能够创造最大"价值"的公司，无论这里所说的"价值"是金融意义上的还是ESG意义上的。但在现实世界中，每个国家都是不同的。资本市场不是完全有效的，信息也不是充分公开透明的。如果很难得到可靠的信息，就唯有眼见为实。

勾选打分还会带来一个问题：它剥夺了投资者投资于尚未通过ESG测试的公司而获益的机会。积极投资者希望与这些公司接触，并推动它们向与以往不同的方向前进。例如，他们会希望他们的基金经理能够投资一家印尼的纺织厂，这并不意味着需要对着勾选框来评价这家工厂，而是要帮助它更好地决策，慢慢成长为一个规模更大、更有价值的企业。

但是也别误会。通过跟踪ESG指数进行ESG筛选，虽然无法完成被动基金销售声称的所有目标，但是总比没有好。它使人们能更好地意识到，提升投资在ESG议程中的重要性所能起到的作用，例如可以促使公司更多地投资有助于减少碳足迹的技术，从而促进商业资源在广泛的范围内被重新分配。它还鼓励公司公开处理废水和应对其他环境挑战的技术，以及如何对待它们的员工。

然而，要想在新兴市场赚钱，你需要放下所谓的标准，亲自去看一看。

我们喜欢在当地专业投资人较少的地区寻找投资前景，这些地区要么好的投资标的太少，要么就是风险/回报比率（risk/reward ratio）中风险部分的数字大得可怕。但是，我们不排斥风险，因为我们发现积极参与企业运营有助于增加回报并减少风险，尽管这需要做很多工作。

一旦我们确定了新兴市场中的投资前景，我们将尽可能多地了解它的背景——运营的现状和环境。总体来说，新兴市场公司往往不像成熟市场公司那样独立于环境。我们并不是说成熟市场公司对它们的客户不那么敏感。我们的意思是它们更独立，连续性更强，附加条件更少。在大多数成熟市场，你在公司看到的或多或少就是公司的实际情况。在新兴市场，在你所看到的之外，公司一般处于一个丰富而复杂的生态系统中，这个系统包括与公司相关的各种各样的联系、涉及各种家族关系、可能存在的政治关系及其竞争者、合作者，友商和敌人等。

现在，有些人认为"关系"是腐败，这是一个过于直接和简单的认识。事实上，包括公司在内的所有组织都参与关系建设，在特定情况下是否构成腐败，或者是否形成诸如裙带关系和任人唯亲等其他形式的腐败，有时候是一个见仁见智的问题。认为建立关系是好的，腐败是坏的，这并没有什么意义，因为这两者之间的分界是模糊的，正如帕拉塞尔苏斯（Paracelsus）对汞作为一种药物的评价："是不是毒药，取决于剂量。"

我们当然会做案头研究，但是我们也会在当地收集大部分有价值的信息。这只需要做一些简单的事情，例如与公司的供应商和客户交谈。但是，我们在投资前研究的主要目的是与我们感兴趣的公司建立关系。我们会跟踪它们很长一段时间，利用它们的前客户、前职员和前合作伙伴开展细致研究。我们也会利用我们和当地值得信赖的专家之间的关系。

在许多情况下，新兴市场的商业和金融圈子相对较小，同一人往往出现在不同的场景。我们一直备着一本册子，用于记录我们所感兴趣的人的职业。如果某人在我们所参与的某项事务中表现不佳，当他或她的名字出现在我们准备投资的某家公司的董事或合伙人名单上，我们通常会避开这样的公司。这种"劣币"的重复出现有助于回答我们在投资前经常问自己的基本问题："我们信任这家公司吗？"

让我们回到开篇提到的那家尼日利亚炼油厂，它显然是经常受到相互勾结的强盗和油罐车司机的联手打劫。

当我们到达该公司的办公室时，受到一群衣着光鲜的高管的欢迎，他们介绍了公司的情况，换一种情景，我们可能会对这一番介绍印象深刻，因为这些人似乎很了解他们的生意。

宣讲结束后，我们告诉了经理我们在路上看到的事情。我不知道我们应该期待怎样的反应，震惊、沮丧、羞愧还是愤怒？当然不是笑声。但是，他们的财务人员笑着说："那是确保我们安全的策略。我们和沿途的社区达成了协议。根据社区的大小，他们被允许获取 40 加仑的原油，作为保护油罐车免受真正窃贼偷盗的交换。根据我们的计算，这大约只是我们需要支付给安保公司费用的一半。"

经过深思，我们认为这是一种非常规的购买安全保障的方式，但在这种情况下是有效而且合适的。

第二章

环境与社会

ESG 已然成为一个耳熟能详的混合词标签，代表着负责任的投资活动，并由三部分组成。

E 代表"环境"是因为：一是，越来越多的人达成气候变化是人为导致的共识，并且认为该问题必须立即着手解决，以免不可挽回；二是，一种天生对污染和垃圾观感不佳的厌恶；三是，污染物和人类不卫生的习惯对公共卫生和其他生物的幸福和生存构成的威胁，其中包含过度使用资源和不断产生无法生物降解的热塑性塑料。这个字母对企业的劝告是："心怀地球，使得企业的长期影响（对环境）是有益的，停止'不可持续'的商业活动，设定挑战性的环境目标，实时向民众公开公司在该问题上的工作进展。"

有些人反对将环境视为具有长期的、预防性的特点。他们会引用埃克森·瓦尔迪兹号（Exxon Valdez）油轮和深水地平线（Deepwater Horizon）钻井平台漏油事件为"环境"的紧迫性背书。虽然这些漏油事件（分别发生在 1989 年的阿拉斯加和 2010 年的墨西哥湾）引发了公众的愤怒并严重破坏了环境，但是我们不认为这是环境上的不负责任，而是治理上的失败。

S 代表"社会"，是基于我们对人类命运的考虑。这甚至比"环境"更加紧迫，因为这需要企业停止用残忍的、剥削性的及掠夺性的方式对待他人。同时企业也需要为缓和社会剥削现象做出贡献。在很多层面上,"社会"与企业社会责任是等价的,但是它超越了企业本身和其相关的社区。"社会"需要企业考虑全球供应链上的影响。

G代表"治理",考虑的并非企业的具体活动,而是指导其运行的规则体系以及遵守这些规则的程度。"治理"与"环境"和"社会"不同之处在于"治理"的考虑非常具体,并且只向董事会,而不是向整个公司提出要求。

因为某些原因,我们将首先在这章里阐述"环境"和"社会",并在下一章讨论"治理"。

环境

"公地悲剧"这一经济概念描述了个体会为了自身利益破坏或剥夺共享资源,比如公用地、大气层和海洋,从而损害所有人的利益。威廉·佛司特·洛伊(William Forster Lloyd)于1833年提出了这个概念,以阐述放牧对不加监管的公地的影响。1968年,美国生态学家加勒特·哈丁(Garret Hardin)普及了这一概念,并指出大气层、海洋、河流和鱼群都属于公共资源,受到了不受约束地使用的威胁。

著名的"公地悲剧"例子也被称为"开放获取"问题。这包括拉迪亚德·吉卜林(Rudyard Kipling)的小说《怒海余生》(*Captains Courageous*)的故事原型发生地纽芬兰大浅滩(Newfoundland Grand Banks)的渔业。在大浅滩,很久以前能打捞到大量的大西洋鳕鱼,但是在20世纪60年代引进了一种新型捕鱼方法,随之而来的是总捕捞量短暂地上升并达到峰值，但是最终还是断崖式下跌。到 1990 年，大浅滩已经看不见鳕鱼的踪影。

世界的海洋和湖泊里那些所谓的"死亡区"也是类似的。根据美国国家海洋和大气管理局（NOAA）的说法，这些区域的成因是"人类活动导致的过量营养污染以及导致绝大多数海洋和海底生命依赖的氧气耗竭"（2.1）。世界上最大的"死亡区"在墨西哥湾的北部，成因是密西西比河及其支流边的农场肥料流失。

商业性经济不考虑外部性。ESG 投资者则反其道而行之，是因为他们知道不受监管的负外部性使得企业无法计算出所有生产成本，利润会人为地膨胀。创造这些负外部性的企业，同时也面临着政策上的风险，即政府的新法规要求企业计入这些"开放获取"（负外部性）的成本。

与此同时，正外部性也存在。当某公司减少了碳足迹，地球会小出一口气，ESG 投资者也认为此公司变得更有价值。这是因为该公司的碳信用（即碳权）价值上升，以及在这一过程中所获得的声誉资产将会使得该公司更加容易吸引客户和员工。

关于人类导致的环境恶化的公众焦虑，以及其在各种国际和国内性法规、协定和承诺（例如《巴黎协定》）中的体现，为企业带来了新的商业机遇，比如风力发电机、太阳能电池板和电动车。

ESG 投资者会被这些公司的正外部性所吸引。以埃隆·马斯克创立的电动车厂商特斯拉为例：2017 年该公司亏损近 20 亿美元，负债达到 100 亿美元以上。其市值在 2017 年秋天达到 600 亿美元，随后因为 Model 3 量产车型的生产问题而下跌。但是在 2018 年 4 月，该公司依旧保有 450 亿美元的市值。与此同时，利润率更高且营收是特斯拉 10 倍的通用汽车市值却只有 520 亿美元。

当今的人们，尤其是千禧一代，相信特斯拉的正外部性。对于特斯拉的投资者来说，这种信念贡献了"心理上"的投资回报，类似一种对于这个星球的感恩。

内化外部性

ESG 投资者同时也会被给外部性定价的技术、系统、市场以及商业模式所吸引。

以前，在热塑性塑料尚未普及的年代，饮料依旧装在玻璃瓶里售卖，你偶尔可以在返还空瓶子时得到一点钱。这本质上是依靠经济刺激的回收过程。这种做法在很久以前已经被抛弃，因为更便宜但不可生物降解的塑料瓶成为主流。但是，我们预计这种做法会再一次回归。

每个问题的背后都孕育着商业机遇，比如在中国，雾霾创造了口罩市场的同时，提高了公众对于各种环境问题的关注。

我们曾投资了一家北京的公司，因为我们认为它对垃圾回收经济提出了创造性的解决方案。这家公司制造并运营一种针对聚乙烯塑料瓶的"自动回收机"。聚乙烯塑料被广泛应用于世界范围内的瓶装饮料和水，也构成了城市街道和公共空间的一种主要垃圾。

这种机器颠覆了惨淡的"公地悲剧"经济。想要处理掉塑料瓶的人现在可以把它们放进机器并得到一点报酬，随后机器会将塑料瓶压缩并做好被运送到回收站的准备。

我们认为这是一个相当不错的商业模式，有很大的增长空间和出口机会。我们也相信该公司如果能吸引到保证其业务增长的投资，可以为中国的塑料污染做出可见的贡献。

自动回收机

　　自动回收机收集空的容器并向用户返现。这种机器在制定了强制回收容器法律的地区较为常见。在有些情况下，瓶子生产商向一个共同的资金池提供资金，由该资金池向回收空瓶的用户返现。在其他地方，例如挪威，政府向供应商征收一种法定税来支持回收活动，但是并不干涉它们以何种方式缴纳。挪威有很多自动回收机。这从侧面表明自动回收机是一种高性价比的实现自发或是政府强制的资源回收义务的方法。

　　目前，全世界只有 10 万台自动回收机，我们与其他 ESG 投资者看好自动回收机的中长期发展。通过调查可以发现，新的自动回收机制造商正在持续涌现。头部供应商包括美国的 Kansmacker，Envipco，挪威的 Tomra，德国的 Wincor Nixdorf，印度的 Zeleno 和 Reverse Vending Corporation。

　　公司的正外部性，即它给周边环境带来正面影响的可能性，是企业最初吸引我们目光的原因。我们相信，如果要解决"公地悲剧"，对人类良性行为的奖励比使用难以监管的罚款或制裁体系进行惩罚更为有效。

碳信用

　　近年来，可交易的温室气体排放指标被设立为一种内化外部性的方法，也被称为"碳信用"。

碳信用是一种可交易的证书或牌照，允许持有者排放一吨二氧化碳或一吨"等价气体"，例如甲烷、一氧化二氮、氢氟碳化合物、全氟化氮和六氟化硫。国内或国际协议创造了这些信用。温室气体排放量名义上被这些协议封顶，同时市场在被监管的排放企业中分配排放权的过程中发挥了作用。

对减少排放感到困难或不情愿的企业，不会出售其碳信用。如果它的规模还在增长，那么它甚至希望购买更多的碳信用。但如果一家企业可以用比碳信用市值更低的成本减少排放，那么它就会有动力出售其碳信用并将利润用于减排投资。

活跃的碳信用市场有大量的排放权交易发生，并为其给予了较高的定价，它的存在不仅使公司管理层专注于减少排放，而且使其他公司专注于研究新的减排技术。这种焦点转移促使一个经济体转向，投入更多资源和注意力在可以减少温室气体排放的商业行为和技术上。从实质上来讲，向放牧收费可以减少"公地悲剧"并减轻对公众的压力。

1997 年的《京都议定书》（一项 170 多个国家签署的国际协议）第一次采用了这套体系，2001 年的《马拉喀什协定》（Marrakesh Accords）确定了市场机制。此机制与获得成功的美国酸雨项目类似，后者是一项为了减少二氧化硫和一氧化碳排放的项目，以阻止两种物质与水结合为酸雨。《京都议定书》是 1992 年《联合国气候变化框架公约》（United Nations Framework Convention on Climate Change，UNFCCC）的延伸。该公约基于两项科学共识：全球正在变暖而且这是人类活动直接导致的，该公约要求签署国减少温室气体排放。

这些承诺、协定和碳市场构成了当下企业生存和发展的国际环境。这些是 ESG 中的 E。通过表达对人为导致的气候变化的忧虑，有助于全球流动资本的配置与分配。

《经济学人》和《金融时报》的专栏作家马丁·沃尔夫（Martin Wolf）对碳定价非常感兴趣，不管是通过总量封顶和交易体系还是简单的征税。他指出，2018 年 3 月中已有 42 个国家级和 25 个次国家管辖区向碳排放收取费用，虽然全球 85% 的国家或地区并未对碳排放定价。

即使在有定价的地区，2020 年以前的价格也远低于每吨二氧化碳 40 ~ 80 美元，2030 年以前的价格则低于每吨 50 ~ 100 美元。上述两个价格由碳定价高级别委员会在 2017 年提出。

国际碳定价下降的原因之一是美国前总统唐纳德·特朗普否认了前任政府的减排承诺，声称这种政策会损害美国发展。沃尔夫说这会"削弱其他国家做出行动的意愿……部分是因为搭别人努力的便车是不公平的，也增加了其他国家为实现国际目标所需要承担的代价"（2.2）。

沃尔夫提出了 4 项提案，以使碳定价更加有效。

1. 政府应承诺使用碳定价的部分收入来减税，或是补偿那些在公用事业上付出大部分收入的居民（环境/社会冲突：环境从碳定价获得收入与社会损失相抵消，所以需要有相应的补偿）。
2. 互补行动——取消化石能源业的补贴，提高能源效率的监管标准。
3. 与地区性或全球性价格体系协调一致。
4. 为了避免搭便车行为，政府应制裁（如使用关税）拒绝合作的国家。

碳排放要求之所以有效，是因为能够提前体现出环境变化的成本。作为新兴市场里活跃的 ESG 投资者，只要它作为一种对穷人打击最大的累退税能够与相应的补偿调整相配合，我们就乐见其成。

通过将资源转移到更清洁的技术和可再生能源，碳定价（通过征税或总量封顶和交易体系达成）可以帮助新兴经济体越过较脏的、由化石能源为动力的经济发展阶段，同时也可以创造更多的绿色产业机会。

社会

全球供应链受到来自媒体、压力集团、各国政府和国际机构、学术研究人员、评级机构和社交媒体的常态化审查，所有消费者可以直观地了解他们所购买商品的社会经济来源。

许多人会因为自己的购买决定给世界其他地区的人带来的结果产生失望和厌恶情绪，某些时候甚至是愤怒。他们尤其对现代奴隶制、人口贩卖和童工的指控感到愤怒。他们拒绝从那些只支付给雇员少得可怜的工资（按照他们的标准）和提供令人不适甚至危险工作环境的公司购买产品。

例如，孟加拉国出口的大部分来自成衣行业，该行业雇用了400万余人，其中大多数是女性。据估算，该行业供应链还支撑着另外2 500万人。因此，这个行业对经济极为重要，为国家发展发挥了关键作用。

但是，这是一个不安全的行业。2013年4月24日，位于该国首都达卡（Dhaka）的萨瓦尔（Savar）工业区的一栋容纳了5家服装厂的八层建筑拉纳广场（Rana Plaza）倒塌了。搜救行动持续了17天，最终的结果令人震惊——2 438人被疏散，超过1 100人死亡，更多的人留下了改变他们一生命运的残疾。

不到5个月前，达卡郊区塔兹琳（Tazreen）服装厂发生火灾，有117人在火灾中丧生，其中12名死者是因为从窗户跳下而丧生。这家工厂为西雅衣家（C&A）、沃尔玛（Walmart）和西尔斯百货（Sears）

生产服装。前一个月，在巴基斯坦的卡拉奇（Karachi），阿里公司（Ali Enterprises，一家巴基斯坦当地企业）的一家四层工厂发生火灾，造成 254 人死亡，55 人严重受伤。"清白衣服运动"（CCC）是一个欧洲压力集团联盟，旨在改善全球服装业的工作条件，该联盟称，阿里公司的工人困在了门窗锁死的车间。该联盟的报告提道："在（火灾的）屠杀和破坏中，地上散落着成捆的牛仔布……印有德国零售商 KiK 的品牌标签'Okay Men'。"（2.3）

全球供应链显然具有经济意义，但它们的社会和声誉价值不那么显而易见。相反，它们始终具有潜在的负面声誉，而且随时可能因不可预测的事件而成为现实。这一点可以参考 1984 年联合碳化物公司（Union Carbide）在印度博帕尔（Bhopal）工厂的毒气泄漏事件，那次事件造成近 2 万人死亡，50 万人患上胃肠道、神经性和生殖系统紊乱等疾病。因此，应该将发生类似灾难的可能性与供应链带来的经济利益纳入统筹考虑。

阿里公司灾难的第四个周年前夕，经过 4 年的抗争和数月的谈判，KiK 同意额外再支付 515 万美元补偿，并作为受伤的幸存者和遇难者家属的医疗以及相关护理和康复费用。在德国联邦经济合作与发展部的要求下，国际劳工组织（ILO）推动了全球贸易劳工联盟（IndustriAll）、CCC 和 KiK 之间的谈判。然而，直到 2017 年 9 月 11 日，在火灾发生五周年之际，CCC 仍对巴基斯坦服装行业缺乏可靠的安全检查表示担忧。

在 2014 年，英国国际发展部（DfID）与英国外交和联邦事务部（FCO）在拉纳广场灾后发布了一项政策（2.4），宣布："根据我们的商业和人权行动计划，我们正在与孟加拉国政府和英国企业及其供应链进行接触……以解决关键的人权风险。"这项声明称，英国政府重视确保安全和良好的工作条件、促进企业主和雇员之间的沟通，敦促英国买家承担起从商店到缝纫机的全部供应链环节的所有责任。

这就是重点。各国政府，如在阿里公司事件中的德国政府和拉纳广场倒塌事件中的英国政府，可以充当改革的催化剂和啦啦队，但在对于供应链中位于国外的环节，它们所能做的也仅此而已。

归根结底，从国外购买制造业服务的买家必须为它们的外包决策所产生的社会后果承担主要责任。

然而，政府可以推动那些对企业行为拥有最大权力的人，即消费者和投资者，直接和间接地运用他们的权力。例如，《2010年加州供应链透明化法案》（California Transparency in Supply chain Act 2010）要求，在加州经营业务的大型零售商和制造商在其网站上披露"它们帮助所售卖商品的直接供应链上的企业，在消除奴隶制和人口贩卖方面所做努力"。2015年，国际劳工组织估计，全世界有2 100万人是强迫劳动的受害者，其中1 140万是妇女和女孩，950万是男人和男孩（2.5）。英国《2015年现代奴隶法案》要求，超过一定规模的企业每年披露其采取了哪些行动，以确保其商业活动和供应链中没有现代奴隶制。

各国政府还利用法定的报告要求，试图减少由冲突地区的武装人员开采并用以资助战争的"冲突资源"的贸易。最常开采的"冲突矿物"就是所谓的"3TG"矿石：锡（tin）、钨（tungsten）、钽（tantalum）和金（gold），以及用于资助武装冲突的"血钻"的收益。

美国2010年《多德—弗兰克华尔街改革和消费者保护法案》（Dodd-Frank Wall Street Reform and Consumer Protection Act）要求，美国制造商审计其供应链，并报告"冲突矿物"的使用情况。

其他不易察觉的社会问题也在逐渐显现，而非突然爆发。互联网在新兴市场的普及带来了明显的好处：帮助当地公司提高了效率，促进了贸易，帮助数百万人脱贫。但互联网也有黑暗的一面，包括但不限于年轻人对电脑游戏的上瘾。

我们在中国投资了一家大型网络游戏公司，这是基于以下原因：

市场发展迅速，商业模式非常合适，管理层令人赞叹，公司治理完善，碳足迹的影响较小，该公司在"社会"维度的大多数方面拥有较低的风险。然而，我们知道，在过去的几个世纪里，中国政府已经展示了它限制那些可能影响青少年身心健康的"不良"产品市场的决心。因此，游戏市场监管新规随时可能影响业务的风险始终存在。但是，我们对该公司的适应能力有足够的信心。

如果投资者想搭上当今增长最快的市场快车，这些风险是不可避免的。游戏成瘾、数据安全漏洞〔如2018年脸书（Facebook）将用户数据提供给剑桥分析公司（Cambridge Analytica）〕、以前未知的技术风险突然出现（20世纪90年代有人认为移动手机的天线会影响大脑，幸好这被证明是毫无根据的），这些都是一直存在的威胁科技股估值的风险。谁能预料到10年后，当今天的高科技公司面对之前未被发现的健康和安全隐患，公司需要花多少时间和金钱才能保护自己免受集体诉讼的风险？

不同成分的综合体

在实践中，特定的投资永远不可能被整齐地归类为 E、S 或 G 类投资，如接下来的例子所示。我们会被那些在我们看起来具有潜在价值创造能力和多种特质的公司所吸引。ESG 正变得越来越重要，但它本身并不是商业成功秘诀的全部。许多其他的考虑，如商业理念和模式、敏捷性、企业家精神、速度、时机、敏锐度、知识和信息等，也体现在我们的投资决策中。

低廉的人工成本和广泛的英语普及使菲律宾成为外包商业服务（尤

其是美国公司）的首选地，如呼叫中心和账户管理服务。这些业务通常位于马尼拉市区的高楼里，如繁荣的博尼法西奥堡（Fort Bonifacio）。但问题是，外包员工住在远离市中心的马尼拉郊区，他们不得不花费大量的时间和金钱在公共交通通勤上，造成了污染和拥堵。对他们来说，上班花一个小时或更长的时间是很正常的。大多数人想住得离工作地点近一些，但又负担不起办公室附近高昂的房租。

我们投资了一家开发微型公寓的公司，以满足年轻工人对可负担、干净和"时尚"等的住房需求，这些年轻人渴望逃离长时间的每日通勤或不合格的非正规住房。这些微型公寓空间虽小但利用率很高，可以提供一人间、两人间和四人间，同时提供娱乐和餐饮设施。通过降低外包员工的每周通勤成本，我们精心建设的微型公寓不仅提高了他们的生活质量，还有助于缓解马尼拉的空气质量和拥堵问题。

有时ESG的组成成分之间也会发生冲突。例如，我们作为积极投资者参与了最近的国有企业私有化改革。当国有企业进入私营经济时，它们往往会带来许多包袱，比如过时和低效的流程和过多的人手。在许多情况下，国有企业里由政府补贴的高工资是一种福利。这意味着国有企业往往对严酷的竞争准备不足。

一个典型的对拥有3万名员工的国有企业的重组计划可能需要解雇2/3的员工。从表面上看，这是ESG"社会"成分的一个大黑点。但想一下，如果不这么做的话，私营经济不像国有企业那样能够承受如此巨额的工资账单，它会破产，全部3万个工作岗位都将非常危险。因此，要使公司持续发展，有必要解雇2/3的员工。

而且，对社会的影响并不像乍看上去那么巨大或者负面，人员严重过剩的国有企业是劳动力整体结构性弱点的具体体现，阻碍了人们转向更高附加值行业就业。大批量的遣散和再就业，有助于纠正这些弱点。

以另一家东欧的国有企业私有化后的重组为例，这家企业提供了慷慨的遣散费和被解雇人员的再培训计划。重组之后一年，格雷格偶然遇到了这次裁员的"受害者"之一，此人30岁出头，曾是一名中层经理。他知道，作为私有化国有企业的积极投资者，格雷格积极推动了重组，但他对格雷格却并无恶意。"这是发生在我身上最好的事情，"他反而说，"我用遣散费开了一家公司，为手机基站安装电源。我们做得很好。"

正如我们将在第七章看到的，这些在 ESG 不同维度上的表现使得影响力评估变得更有挑战性。从长远来看，仅仅评估"正面"影响是不够的，我们还必须评估"负面"影响，用前者减去后者，才能最终得出一家公司的"净正面"影响。

投资者

挪威政府全球养老基金（Government Pension Fund Global），通常被称为石油基金（Oil Fund）或 Norges，创建于 1990 年，主要任务是将挪威石油部门的盈余用于投资。它的资产总额已经超过 1 万亿美元，在全球交易的所有股票中占有 1.3%，它是世界上最大的主权财富基金。截至 2017 年 9 月，每个挪威公民平均拥有的基金价值达到 192 307 美元。

根据 2004 年 11 月的《皇家法令》，该基金成立了基金伦理委员会。挪威财政部发布了伦理准则，这些规定禁止该基金投资于在冲突中扮演着直接或间接助长杀戮和酷刑、剥夺自由和其他侵犯人权行为的公司。RepRisk ESG 商业智能公司为基金伦理委员会提供支持。作为一家提供 ESG 风险数据研究的公司，RepRisk 对该基金投资组合中的公司进行监测，如侵犯人权（包括在冲突地区使用童工、强迫劳动和侵犯个人权利）、腐败和严重环境退化等问题。

2018 年 7 月，该基金宣布出售太平洋电力公司（PacifiCorp）的债券，并将其母公司沃伦·巴菲特的伯克希尔 – 哈撒韦公司和另一家公用事业公司中美能源（MidAmerican Energy）置于观察名单，理由是因为它们使用煤炭。这是该基金清理其固定收益投资中的煤炭业务超过30% 的公司的计划的一部分。

包括管理着日本政府 1.3 万亿美元养老金的管理公司、管理着5 640亿美元资产的荷兰养老金管理公司 APG 资产管理公司和管理着4 020亿美元资产的德国德联丰投资（Union Asset Management）在内的全球大型基金公司，都已经以某种方式宣布支持 ESG。

另一个大型基金，管理着 3 440 亿美元资产的加州公务员退休基金（CalPERS）表示，它希望投资组合中的公司拥有"健康、高效和积极的劳动力……这就是为什么我们关心雇佣行为和健康以及安全标准。我们看到了……企业如果不考虑员工的福祉，就会面临潜在的诉讼、声誉上的风险和经营难以为继等问题"。该基金通过代理投票和股东行动来设法解决社会问题。它还直接参与投资组合中的公司对重要社会问题的处理过程，如供应链上的企业如何践行公平劳动的原则，以及相关的健康、安全与人权问题。

机会

与 ESG 所有组成部分一样，"社会"成分中既有需要解决的问题，也有可以把握的机会。

由易贝（eBay）创始人皮埃尔·奥米迪亚（Pierre Omidyar）和他的妻子帕姆（Pam）于2004年创立的慈善组织人类联合组织（Humanity United）筹集了2 300万美元，投资于致力打击全球供应链中的人口贩卖、强迫劳动和其他侵犯人权行为的科技初创企业。这家名为Working Capital的新基金表示，它得到了沃尔玛基金会（Walmart Foundation）、C&A基金会（C&A Foundation）、Stardust Equity和迪士尼公司（Walt Disney Company）的支持（2.6）。

该基金的投资领域包括产品追溯、员工参与、采购平台、风险评估和更合乎道德的招聘工具，投资组合中的公司正在使用的技术包括区块链、人工智能、数字身份、机器学习和物联网。

在对剥削工人习以为常且对工作场所健康安全毫不关心的地区，那些与众不同的企业将会非常吸引外国投资者。我们在印尼首都雅加达找到了一家令人感兴趣的摩托车制造厂。在众多的血汗工厂和摇摇欲坠的高层工厂中，这家公司对员工的待遇显得尤为突出。每个工人都有健康保险，工作场所有诊所，还提供员工宿舍。这就是人们想在那里工作的原因。这是一个他们可以拥有个人生活的空间。在我们看来，这似乎有点过时——就像英国吉百利巧克力王朝（Cadbury chocolate dynasty），有着贵格会（Quaker）的信仰和员工模范村。但是在一个越来越挑剔的、透明的以及对ESG更加敏感的世界里，这一品质可能会让这家公司走得更远。

改变消费者和投资者对充满剥削和掠夺的雇佣行为的本能反感的另一种方法是，在市场上区分"好"雇主和"坏"雇主的产品。类似于公平贸易标志（Fairtrade logo）等标签，表明商品来自经认证的"好"雇主，这会增加商品的非财务价值，社会敏感的消费者愿意为其支付溢价。

声誉泡沫

在 ESG 的三个维度中，"社会"是最显而易见的。我们可以说，与"环境"有关的问题以缓慢的速度呈现出来，与"治理"有关的问题通常隐藏在幕后，不为公众所知。但与"社会"有关的问题"就在你面前"——通常很残忍，有时很血腥，甚至很可怕。这些问题促使人们走上街头——看看那些反对零售商从爆发危机的地区和公司采购商品的集会和抗议吧，这些问题具有成为头条新闻的"新闻价值"。

企业的品牌声誉极为脆弱，它们受突发事件和反复无常的新闻导向的影响极大，大多数人，包括其现有的和潜在的客户和员工都认为，企业不仅要为自己的行为负责，也要为供应链上的其他企业负责。

环境、 社会和治理

在有关 ESG 的讨论中，我们的基本立场类似于使徒保罗在《哥林多前书》（*Corinthians*）中的立场："环境、社会、治理这三方面中最重要的是治理。"我们相信，对环境和社会的敏感是好的管理的重要组成部分，而确保好的管理是公司治理的一个必要目标。当然，这并不是比较 E、S 和 G 的相对重要性，它只是提示其中的因果关系。

如果没有良好的治理，没有垄断或国家补贴的公司往往会在一个又一个危机中摇摇欲坠，最终破产。通过良好的治理，它们能够满足人们对环境和全球供应链在社会经济方面的普遍关切，从而实现稳步增长。它们的增长并非源自其对环境和全球供应链的社会经济方面的敏感性，而是因为好的公司治理带来了增长和好的管理。

　　作为积极投资者，我们将"治理"视为 ESG 的首要因素的另一个原因是，这是我们影响公司的途径。投资者通过一套由规则和相关的权利和责任构成的治理体系来行使他们的所有者权利。我们有时会试图说服董事会调整或修改其治理体系，但是前提是他们必须首先有一个体系。如果一个管理团队不尊重每个投资者的权利或不遵守治理规则，那么它将很难吸引到新的资本。

第三章

治理

罗马尼亚拥有丰富的水力发电资源以及位居欧洲前列的石油和天然气储备，是欧盟成员国能源自给自足程度最高的国家。几年前，我们投资的一家奥地利石油和天然气公司准备就收购罗马尼亚一家炼油企业进行谈判。对这家公司的尽职调查看上去喜忧参半，投资这家公司似乎有很好的盈利前景，但是也存在一些令人费解的异常数据，特别是在输入量和产出量的关系方面。

数字的不透明带来了投资风险，但是我们在投资中对此习以为常。该公司的业务模式看起来很稳健，增长前景也被认为足以抵消风险。最后，这家奥地利公司决定冒险，收购了这家罗马尼亚炼油厂的控股权。

然而，这家奥地利公司也采取了一些预防措施。由于怀疑数据异常是欺诈行为所导致，该公司雇用了一名曾经在民主德国国家安全部从事间谍工作的人开展反腐调查。这名调查员发现了数百条秘密管道，这些管道从炼油厂的输出管道一直通向炼油厂围栏另一边的森林。通过这些寄生管道，精炼后的产品被偷到黑市上出售。

派人到森林里拆掉这些管道是一件既困难又昂贵的事情，因此这家公司采用了一种相对简单的办法解决了这个问题，那就是暂时关闭管道并向非法管道泵入混凝土泥浆。

随后，反腐调查员发现，炼油厂的有毒废料被非法埋入附近的一片狭长地块。这家公司的奥地利母公司向当地媒体公开了这一发现，并宣布立即投入1亿美元对受污染地区进行整治。

外国公司收购当地企业，随后被曝光腐败和非法处置有毒废物，通常会引起民众的抗议浪潮和媒体对掠夺性入侵者的充满敌意的报道。但是在此次事件中，传统的故事脉络被颠覆了。外国收购者消灭了腐败，发现并清理了受到污染的土地。一名来自民主德国国家安全部的间谍所扮演的角色，更是为随后的正面新闻报道增添了特殊的意义。

第四章介绍了一个类似的例子，是关于我们最近投资的罗马尼亚国有水电公司（Hidroelectrica）。这家公司作为一家边际成本微不足道的水力发电公司，却长期处于亏损状态，这一点是很难理解的。

我们讲述这些案例的目的，并不是要说明罗马尼亚是一个腐败的国家（事实也的确并非如此，见下文），而是要表明腐败、失职和缺位的公司治理中往往蕴含着投资机会。如果你能够并且愿意和当地的官员和管理者打交道，并且充分了解当地机构的优劣势，那么就可以通过投资一家受腐败困扰的公司并使其回归正轨来获得收益。

腐败所揭示的信息

腐败的国家治理会引发社会贫困。一些国家的腐败尤为严重，但这并不是说这些国家的民众更容易腐败，而是因为在产权和法治体系薄弱或缺失的国家，高层腐败会变得更加猖獗，从而形成一种被普遍接受的商业活动方式。正如来自苏丹的慈善家莫·易卜拉欣（Mo Ibrahim）在谈到他的易卜拉欣非洲领导力成就奖（Ibrahim Prize for Achievement in African Leadership）时所说，"首先腐烂的是鱼头，因此需要关注的是领导层的行为"（3.1）。

在 2017 年透明国际清廉指数（CPI）排行榜上，罗马尼亚在 180 个国家中排名第 59。

表 3.1 列出了 2013—2017 年度一些国家和地区的 CPI 排名。右边两列分别是国际货币基金组织（IMF）按购买力平价估计的 2017 年人均 GDP（国内生产总值），以及每个国家人均 GDP 的排名。

表 3.1　2013—2017 年度 CPI 排名

CPI 排名	国家/地区	2017 年	2016 年	2015 年	2014 年	2013 年	人均 GDP（Int $ K）*	IMF 排名
1	新西兰	89	90	91	91	91	38.5	31
2	丹麦	88	90	91	92	91	49.6	20
3 =	芬兰	85	89	90	89	89	44.0	25
3 =	挪威	85	85	88	86	86	70.7	6
3 =	瑞士	85	86	86	86	85	61.4	9
6 =	新加坡	84	84	85	84	86	90.5	3
6 =	瑞典	84	88	89	87	89	51.3	16
8 =	加拿大	82	82	83	81	81	48.1	22
8 =	卢森堡	82	81	85	82	80	109.2	2
8 =	荷兰	82	83	84	83	83	53.6	13
8 =	英国	82	81	81	78	76	43.6	26
12	德国	81	81	81	79	78	50.2	17
…								
169	委内瑞拉	18	17	17	19	20	12.4	96
171 =	赤道几内亚	17	N/A	N/A	N/A	N/A	34.9	37
171 =	几内亚比绍	17	16	17	19	19	1.8	173
171 =	朝鲜	17	12	8	8	8	N/A	N/A

CPI 排名	国家/地区	2017 年	2016 年	2015 年	2014 年	2013 年	人均 GDP（Int＄K）*	IMF 排名
171 =	利比亚	17	14	16	18	15	9.8	108
175 =	苏丹	16	14	12	11	11	4.6	138
175 =	也门	16	14	18	19	18	2.3	161
177	阿富汗	15	15	11	12	8	1.9	170
178	叙利亚	14	13	18	20	17	N/A	N/A
179	南苏丹	12	11	15	15	14	1.5	176
180	索马里	9	10	8	8	8	N/A	N/A
其他部分国家/地区排名								
13	澳大利亚	77	79	79	80	81	49.9	18
16	美国	75	74	76	74	73	59.5	11
20	日本	73	72	75	76	74	42.7	28
23	法国	70	69	70	69	71	43.6	27
29	葡萄牙	63	62	64	63	62	30.3	43
32	以色列	62	64	61	60	61	36.3	35
34	博茨瓦纳	61	60	63	63	64	18.1	71
42	西班牙	57	58	58	60	59	38.2	32
46	格鲁吉亚	56	57	52	52	49	10.6	105
51	韩国	54	53	54	55	55	39.4	30
54	意大利	50	47	44	43	43	38.0	33
57	沙特阿拉伯	46	46	52	49	46	55.3	12
59 =	希腊	48	44	46	43	40	27.8	49
59 =	罗马尼亚	48	48	46	45	43	24.0	59
66	匈牙利	45	48	51	54	54	28.9	45
68	白俄罗斯	44	40	32	31	29	18.6	70
71	南非	43	45	44	44	42	13.4	89
81 =	印度	40	40	38	38	36	7.2	122

CPI 排名	国家/地区	2017 年	2016 年	2015 年	2014 年	2013 年	人均 GDP (Int $ K) *	IMF 排名
81 =	土耳其	40	41	42	45	50	26. 5	53
85	阿根廷	39	36	32	34	34	20. 7	63
96 =	巴西	37	40	38	43	42	15. 5	81
96 =	印度尼西亚	37	37	36	34	32	12. 4	97
111	菲律宾	34	35	35	38	36	8. 2	118
117 =	埃及	32	34	36	37	32	13. 0	92
117 =	巴基斯坦	32	32	30	29	28	5. 4	135
130 =	伊朗	30	29	27	27	25	20. 0	64
130 =	乌克兰	30	29	27	26	25	8. 7	114
135 =	墨西哥	29	30	31	35	34	19. 5	65
135 =	俄罗斯	29	29	29	27	28	27. 9	48
143	肯尼亚	28	26	25	25	27	3. 5	149
148	尼日利亚	27	28	26	27	25	5. 9	129

 * 单位是国际元（Geary-Khamis or International dollars）。
 资料来源：透明国际和国际货币基金组织。

相关性并不一定意味着因果关系，但较高的腐败程度和较低的人均 GDP 之间存在明显的关联关系。这一点有力表明了腐败是一种极度糟糕的治理方式，会导致社会贫困。它用低效的政治上的互惠互利取代了自由市场，资源不能按照最优状态进行配置，从而导致较低的投资和股本回报率。最为糟糕的是，腐败剥夺了企业家对自己创造的财富所拥有的权利，抑制了能够推动经济增长的创业活力。如果人们相信他们建立的企业将被腐败的官员或掠夺性的集团所窃取，他们就不会投身于创业行动。

腐败和贫困之间的联系可能比数据所揭示的更强，原因有二：一是，一些腐败程度较高的国家拥有丰富的自然资源，如石油和天然气等，拉升了 GDP；二是，在腐败的社会中，GDP 的分配通常是非常不平等的。

正如透明国际主席何塞·乌格兹（Jose Ugaz）在透明国际网站上所说的："由于腐败，很多国家的人民被剥夺了最基本的需求，每晚饿着肚子睡觉，权贵和腐败分子却享受着奢华的生活且不必受到任何惩罚。"

一个极度不平等的国家会吓走外国投资者，因为不平等会导致社会和政治动荡。这样的国家很容易受到政变和民粹主义冲击，受到号召的人民奋起反抗并推翻腐败无能的政府。这些国家内部还会存在着对外资企业实行无偿国有化、提高税率以及实行严格监管等呼声。因此，投资者得到的信息就是要远离那些财富分配非常不平等的国家。

一个国家的不平等程度通常用范围从 0（完全平等）到 1（一个人拥有所有财富）的基尼系数来衡量。美国中央情报局（CIA）对基尼系数很感兴趣，因为高基尼系数在预测社会动荡方面表现出色。

腐败和经济不平等程度高的国家风险很大，这意味着腐败政权本质上是脆弱的。这样的政权无法吸引外国直接投资，经济活动水平远远低于国家潜力，从而迫使这样国家的政府面临自我改革的压力。

由现任政府或反对党制定反腐政策，既是为了吸引更多外国投资，也是为了安抚愤怒的选民。虽然相对而言一些国家的政策更具有实质性内容，但是随着时间的推移，CPI 排行榜排名变化表明，没有哪个国家的腐败是无可救药的。

CPI 的变化表明，对腐败的感受受到某些特定事件的影响。英国在 2013—2017 年该指数上升了 6 个百分点，可能是因为该国摆脱了 2007—2008 年金融危机期间 LIBOR 操纵丑闻的影响；同期，希腊提升了 8 个百分点，反映了自 2009 年债务危机以来希腊所采取的紧缩政策得到了认可；土耳其的腐败指数下降了 10 个百分点，与该国的政治动荡有很大关系。

大多数时候，CPI 变动的幅度并不大。腐败的国家治理体系一旦建立起来，由其滋生的腐败文化就会变得正常且不引人注目。有一次，马克去一家位于莫斯科的国有企业与某位官员进行会谈，会后，当他收拾东西的时候发现自己的手机不见了。安保人员有些惊慌，他们到处搜寻手机，但是毫无结果。几年后，当他回到同一幢大楼时，安保人员告诉他还在寻找他的手机。但是，马克已经忘掉这件事情了。对他来说，这是意料之中的事情，不值一提。

在一些新兴市场，腐败、欺诈和偷盗似乎很普遍，但它们并非无可救药。新兴市场始终面临改革的压力。我们希望通过积极参与这些问题，为改善新兴市场的公司治理做出贡献。2013—2017 年，罗马尼亚的 CPI 提高了 5 个百分点，这或许与本章开头所提到的炼油厂欺诈行为被曝光有关。

这得一步一步来。有权有势的人是现实中的既得利益者，因此治理体制改革并不容易。虽然善政驱逐恶政会给广大的老百姓带来巨大的经济收益，但是这一过程仍需要时间。

治理的质量

投资者应关注的公司治理问题并不仅限于腐败、欺诈、偷盗和其他形式的犯罪。代理成本，也就是雇用他人来经营企业的成本，包括：不称职、疏忽、冒进、利益冲突和利益与责任的冲突、透明度不足、不公平和不平等地对待股东、执委会和董事会的权力边界不清晰、董事会多元化程度不足以及由此引发的"群体思维"等风险。

2007 年 7 月，花旗集团前首席执行官查克·普林斯（Chuck Prince）

在英国《金融时报》上解释花旗热衷于次级抵押贷款和消费贷款的理由时，用"只要音乐不停，你就得一直跳舞"来解释这一行为。这个故事的后续发展很好地阐释了"群体思维"的危险。4个月后，花旗集团宣布第四季度亏损近100亿美元，普林斯随后辞职。

2007—2008年金融危机后，成熟的西方经济体吸取了那些令人痛心的教训。每个人都知道，或者能够知道，良好的公司治理应该是什么样子。一些上市公司不遵守公司治理原则的原因各不相同，包括：创始人希望保留控制权，雄心勃勃的CEO不愿意受制于董事会，不受控制和监管的企业既得利益者的抵制，政府的干预以及由此导致企业普遍缺乏压力的顺从和彻头彻尾的懒惰。

几年前，我们飞往安卡拉与土耳其航空公司的首席执行官会面。我们曾考虑与持有该公司控股权的土耳其政府一起投资。但是坦率地讲，我们并不乐观。土耳其的公司治理水准并不高，我们非常了解在政府控制的公司中作为少数股东的风险。但我们感兴趣的是，土耳其航空公司会在多大程度上满足我们对于公司治理的要求。

当我们询问土耳其航空公司是否可以在董事会中安排一名独立董事时，CEO说我们必须先和政府协商此事。这可不是什么好兆头。任命新董事应由董事会决定，而非最大的股东。但见一面并不会让我们损失什么，所以我们决定听从CEO的建议，预约了与财政部部长的会面。我们按约定的时间到达了财政部，经过一连串看上去没完没了的安全检查后，终于被领进了一间豪华的办公室。财政部部长站起来招呼我们，并示意我们坐下。

在惯常的寒暄之后，财政部部长保证该国将继续坚持对外国投资者的欢迎态度。我们问了他和土耳其航空公司CEO同样的问题："如果我们投资土耳其航空公司，我们是否可以在董事会中设有一个独立董事？"我们预计会被礼貌但坚定地拒绝。

但是我们从财政部部长口中得到了一个意料之外的回答："为什么只有一个，而不是两个？"

从这件事情我们认识到，不要草率地对公司治理水平下结论。土耳其政府比看上去更加务实，更以市场为导向，愿意通过任命独立董事，实现土耳其航空公司董事会的现代化。之所以迟迟未能落实，是因为没有人持续推进改革。这件事情表明，股东参与并推动公司治理改善在被动投资的大趋势下仍具有价值。

这件事还说明了外国投资者作为一个集体对土耳其等国家的影响力，这类国家通常需要吸引大量外国资本流入，以填补巨额贸易逆差。在撰写本书之际，土耳其的结构性经常项目赤字已接近 GDP 的 6%。

治理与性别平等

最后但仍很重要的问题是，良好的治理应包括对多元化问题的关注，特别是女性在商业、政府和所有机构中的代表性。与人类的许多其他领域一样，道德问题指引人类获得广泛共享的成果。充分吸纳女性就业意味着为各类企业带来大量聪明的、极富创造性和高效率的员工。

承认两性平等的重要性并不是什么新鲜事。1979 年，联合国《消除对妇女一切形式歧视公约》（CEDAW）已经得到 187 个国家的批准。2010 年，联合国大会成立了联合国妇女署，推动各国加快在两性平等和赋予妇女权力方面取得进步。但直到最近几年，这一领域才得到了应有的关注。

然而，两性平等还有很长的路要走。无论人均 GDP 处于什么水平的国家，都存在巨大的性别工资差距（3.2）。根据世界经济论坛发布的《2018 年全球性别差距报告》，全球范围内平均性别工资差距水平达到了 32%（3.3）。在美国《财富》500 强企业中，女性占 CEO 总数的 4.8%，中国上市公司该比例为 5.6%，拉美 500 强公司为 1.8%，欧盟上市公司为 2.8%，墨西哥扩展 300 指数成分股公司为 3%，印度孟买 100 指数成分股公司为 4%（3.4）。

维护性别平等和少数族裔权利不仅在道义上是必要的，而且具有经济利益。因此，将全社会所有人才纳入考虑是非常重要的。很明显，如果我们只注重培养男性的才能而忽视了女性，我们就将失去至少一半可利用的智力、创造力和能力，对社会和企业来说这都将是极大的疏忽和损失。

最近的一些研究已经揭示了这一问题所造成的经济损失。2015年，麦肯锡全球研究院（Mckinsey Global Institute，MGI）估计（3.5），如果实现女性与男性完全的性别平等，全球产出将会增加 1/4 以上。同样，据普华永道（PwC）2016 年进行的研究（3.6），经济合作与发展组织（OECD，简称经合组织）国家如果能够向瑞典（经合组织国家中女性就业率最高的国家之一）看齐，缩小性别工资差距，提升女性就业率，那么可以增加约 6 万亿美元的 GDP。从国家角度来说，提升女性在劳动力市场的参与程度、创业积极性并推动女性进入薪酬和技术含量更高的工作岗位，将产生可观的收益。

在微观层面，彼得森国际经济研究所（Peterson Institute of Global Economics）对 91 个国家的 21 980 家公司进行了一项调查分析（3.7），该分析表明，由女性担任公司领导有助于提升公司业绩。这种关联性既表明不受歧视的就业可以带来可观的回报，也反映出女性领导者为企业带来了多元化技能的事实。无论如何，如果女性作为一个整体能够更多地就业，企业和社会都会从中受益。为企业引入更多来自少数族裔和不同文化群体的领导者，也可以观察到类似效果（3.8）。

有趣的是，《2018 年全球性别差距报告》（3.9）对比了各国女性的政治权利、经济参与度、健康和教育成就，一些新兴经济体的女性进入企业高级管理层的速度与发达国家相同。在全球性别差距指数排名前 10 的国家有尼加拉瓜（5）、卢旺达（6）、菲律宾（8）和纳米比亚（10），英国排名第 15，美国排名第 51。

然而，我们在对新兴市场中小企业的研究中常常发现，这些企业对于性别问题的认识，以及对于女性平等就业所带来的积极作用仍然缺乏理解。这为 ESG 投资者创造价值并树立正面形象提供了重要机会。

在越南，我们投资了最大的奶制品生产商。该公司曾是一家国有企业，在 21 世纪初被私有化。一位在 20 世纪 70 年代以工程师身份加入该公司的女性担任这家公司的领导。她成功地将这家缺乏活力且官僚的国有企业变为国内最成功的企业之一。与此同时，《福布斯》将她列入亚洲最具影响力的 50 位商界女性之一。

总的来看，女性比男性更关心自身投资对社会的影响。与男性相比，所有年龄段的女性都对社会责任和影响力投资表现出极大的兴趣（根据研究结果，70%～79% 的女性对社会责任和影响力投资表现出兴趣，而男性的这一比例仅为 28%～62%）（3.10）。几乎可以断言，女性更积极、更平等就业的趋势，将与资产持续流入可持续发展领域的趋势互相促进，同步发展。

对治理施加影响

被动投资者不得不忍受糟糕的公司治理，而且已经几乎放弃了改变现状的努力。但是，积极投资者可以对公司施加重大影响。他们收集公司信息，为推动公司改革施加压力，还可以协助确保公司遵守公司治理标准。他们会关注指数基金管理人从来不会想到的重要问题：

"我们信任这家公司吗？"

积极投资者会借助人工而非算法，利用自身的关系网（包括他们投资的其他公司）来帮助新投资的公司。以我们投资的土耳其航空公司为例，当他们将餐饮服务分包给了我们推荐的一家维也纳餐饮企业后，土耳其航空公司的航食服务赢得了美誉。

我们认为，独立的非执行董事在保持公司治理水准方面发挥着至关重要的作用，但我们承认，在某些市场，符合条件的人选并不容易找到。我们曾经长期投资于一家现已倒闭的拉丁美洲百货连锁店。一天，这家公司的首席财务官突然消失了，与其一同失踪的还有公司财产。我们决定采取法律行动，并安排与该国金融监管机构（相当于美国证券交易委员会）的新任局长会面并讨论这个情况。想象一下，当我们发现新任局长竟然就是失踪的首席财务官时的那种惊讶。

当本地合格的董事人选很少时，组建一个能够履行独立监督职责并且同时可以规避利益冲突、任人唯亲和裙带关系的董事会变得尤为困难。

此外，仅仅有一个这样的董事会，以及治理规则和授权机制仍是不够的。如果那些本应被规则约束的人认为这些规则纯粹是用来装点门面而不去遵守，那么这将毫无意义。

我们投资了一家墨西哥的大型零售商，一部分原因是它有很高的公司治理标准，这家公司信息公开透明，而且高管遵章守纪。但是后来，两位来自华尔街的投行人士拜访这家公司，向这家公司介绍了"超级"比索（2008 年媒体对墨西哥货币的称呼）的强势将能为这家公司带来可观的利润，他们描绘的前景深深地打动了公司的首席财务官。他被说服了，并在外汇衍生品上进行投机交易，所投资的衍生品的偿付结构逐步升级，导致亏损迅速累积，公司面临极大的表外汇率风险。

衍生品在对冲汇率风险方面很有用，但这显然是一场赌博。如果比索继续保持强势，它将产生巨大的利润。但是事实上是比索的汇率迅速下跌。这家盈利能力出众的公司在几个月后就申请破产，损失接近20亿美元。这件事情告诉我们一个教训，虽然按照墨西哥的标准，该公司有着完善的治理体系，但是首席财务官并不认为需要谨慎遵守这些规定。

商业和政治

新兴市场的投资者，如果不与政府打交道，就不可能获得持续发展。对国内龙头企业来说，政府扮演着控股股东、监管当局、客户、房东、资助者、主要的竞争对手和赞助商等多重角色。商业和政治往往以各种公开和不引人注目的方式交织在一起，投资者在做出投资决策时必须深入了解并充分考虑所有这些因素。

在西方，人们理所当然地认为，从决策的灵活性和效率来看，政府不具备成功经营私营部门的能力。因此，所有的国有企业都应该被"私有化"。

在其他地方，国家对经济命脉的掌控始终被视为一种重要的政策工具。但是，随着沙特阿拉伯国有石油公司沙特阿美（Saudi Aramco）等公司寻求在国际资本市场融资，这些曾作为经济指挥棒的堡垒出现了松动。由于萨勒曼国王和他的继承人穆罕默德·本·萨勒曼（Mohammed Bin Salman）之间似乎存在着分歧，沙特阿拉伯计划通过首次公开募股（IPO）用5%沙特阿美的股份筹集约1 000亿美元，但是该计划于2018年8月被推迟。

计划并没有被取消。如果该计划得以实施，股份将首先在沙特阿拉伯的Tadawul交易所上市。在推迟IPO之前，沙特阿拉伯曾与伦敦、纽约和中国香港等地的交易所讨论过沙特阿美公司海外上市的可行性（3.11）。

此次 IPO 的成功需要得到境外投资者的支持。在筹备过程中，沙特阿拉伯实施了若干改革措施，尤其是允许境外投资者参与本国 IPO，并按照国际标准调整其证券监管规则。改革还包括在 2018 年 4 月新任命了 5 名董事会成员，包括彼得·西莉亚（Peter Cella，雪佛龙菲利普斯化学公司前首席执行官）、琳恩·埃尔森汉斯（Lynn Elsenhans，太阳石油公司前首席执行官）和利伟诚（Andrew Liveris，陶氏杜邦公司前首席执行官），并制定了新的保护少数股东权利的公司治理规则。

如果公开发行的股份比例很小，新的少数股东并不会获得公司控制权。但是如果潜在的投资者认为控股股东不会考虑他们的自身利益，他们就不会认购股票。他们需要确信公司将遵守广泛接受的公司治理标准，特别是在对待少数股东方面。

在推迟 IPO 之前，国际金融市场对沙特阿拉伯的表现持正面观点。富时罗素指数（FTSE Russell index）曾表示，计划从 2019 年 3 月开始，分阶段将沙特阿拉伯股票纳入其新兴市场指数，而摩根士丹利资本国际新兴市场指数（MSCI's emerging markets index）似乎也准备采取同样的行动。将沙特阿拉伯股票纳入上述指数，将促使数十亿美元的被动投资资金流入沙特阿拉伯股市，这将改变沙特阿拉伯的资本市场。

当计划经济体制下的国有企业通过 IPO 涉足全球资本市场时，这可能是它们首次接触到公司治理理念，包括：尊重少数股东权利，准确和及时地披露信息。当然，这对腐败的管理层和官员来说是一场噩梦。但是，对于那些更诚实和更具责任感的人来说，他们并不会反对现代公司治理的原则、规定和制度框架，他们只是以前没有深入思考过相关问题。但这并不意味着拥有权势和政治影响力的政策推动者在现实中没有实质性的既得利益。

被围困的财阀

"财阀"的韩语单词来自"jae"（财富或财产）和"beol"（派系或氏族）的组合。自 20 世纪 60 年代初以来，财阀的大企业集团一直在主导韩国经济。目前，韩国大约有 20 多个财阀，其中最著名的是三星、现代和 LG。韩国财阀在某些程度上类似日本的企业联盟，在日语中，财阀被称为 zaibatsu，由家族控制，彼此之间存在紧密的政治关系。

财阀具有封建王朝统治的特点，这来源于儒家思想，以及在维护社会稳定中发挥过重要作用的等级制度。因此，财阀也尊崇仁、义、孝、忠四大原则。家庭在儒家思想中扮演着核心角色，从最基本的父母和子女，到国家和公民，再到首席执行官和他/她的雇员。

回顾历史，财阀在韩国政治中发挥了积极作用。1988 年，韩国现代重工集团（Hyundai Heavy Industries）总裁、来源于财阀家族的郑梦准（Chung Mong-joon）成功当选韩国国会议员，其他财阀的领导人也纷纷入选国会议员。直到最近，大家依然认为，财阀在韩国经济中占据主导地位，对财阀有利的事情也会有利于国家。

财阀对国家的支配地位也体现在已经被定罪的财阀领导人往往得到宽大处理上。2013 年 1 月，第三大财阀 SK 集团董事长崔泰源（Chey Tae-won）因挪用公款填补交易损失的行为被判贪污罪名成立，被判处 4 年有期徒刑。2015 年 8 月，时任韩国总统朴槿惠（Park Geun-hye）赦免了崔泰源和其他被定罪的企业领导人。司法部门随后解释说，给他们机会是为了发展经济（3.12）。

但是，民意调查显示，半数以上的国民并不认同这一说法，也不赞成赦免已被定罪的财阀首脑。政府似乎已经从这一事件中吸取了教训。后来，朴槿惠因为与她的朋友兼顾问崔顺实（Choi Soon-sil）的关系陷入了丑闻，朴槿惠丢掉了总统宝座，并被指控以权谋私和泄露机密信息，其中一桩丑闻与韩国最大的财阀三星集团有关。三星集团的年销售额相当于韩国 GDP 的 1/5。

2017 年 8 月，三星集团的实际掌权者李在镕（Lee Jae-yong）向崔顺实基金会提供了 3 600 万美元，并且为崔顺实女儿的马术事业资助了一匹马和数百万美元，他因此被定罪。检方称，李在镕这么做是为了换取政府对三星集团重组的支持。李在镕最终因受贿和贪污被判入狱 5 年。

李在镕不服判决并上诉。2018 年 2 月 5 日，上诉法院对他的刑期减半，并缓刑 4 年，同时允许他在被定罪 5 个月后自由行动。文在寅总统并未赦免他，但他的获释被改革者视为一次挫败。2019 年 1 月，三星曾宣布进行股票分拆，旨在提升股东价值，同时，似乎是为了安抚那些对释放李在镕持争议态度的改革者，三星承诺将推进公司治理改革。

在 3 月 23 日的年度股东大会上，金善英（Kim Sun-uk）成为三星 49 年历史上的第二位女董事。三星还宣布将分设董事长和首席执行官职务，并将董事会人数从 9 人增加到 11 人。

一年前，三星获得了保罗·辛格（Paul Singer）旗下的艾略特管理公司（Elliott Management）的支持，拒绝了我们要求三星改制为控股公司的建议，但是同意了我们关于取消发行 350 亿美元拥有特殊投票权库存股的要求，我们认为库存股发行后将加强三星家族的控制。

艾略特管理公司多年以来一直是三星的眼中钉。该公司在 2015 年曾强烈反对三星子公司一项存在争议的合并计划，但未获成功。该公司认为，合并牺牲了少数股东利益，却让公司创始家族受益，这显失公平。艾略特管理公司向国际社会揭示了三星落后的公司治理机制，以及仍以财阀管理为主的特点，并随后将公众的注意力带向了现代集团。

有些人认为，一些财阀仍表现出老式甚至中世纪的风格，在遴选管理层时，更倾向于那些具有裙带关系或是和政府有密切关系的人。与其他财阀一样，三星也因为对待员工的方式而受到攻击。2018 年 4 月初，首尔检方表示，他们正在调查对该公司破坏在韩国建立工会的努力的指控。长久以来，工会一直是财阀仇视的对象。

在全球工业联盟（IndustriAll Global Union，IAGU）2014 年出版的《不公平的比赛！》（unFAIR PLAY）的前言中，联盟秘书长杰基·雷纳（Jyrki Raina）表示，现代汽车打下了韩国独裁统治时期的烙印，这一独裁统治一直持续到 1987 年。1987 年后，创始家族仍然在继续担任所有重要的职位，而且"其管理架构是专断和专制的"。雷纳补充说："他们拒绝员工利益代表，并拒绝与工会开展建设性合作……员工对经理层的随意妄为毫无反抗能力。其结果是，现代汽车的劳资关系比其他任何汽车制造企业都要紧张。"（3.13）

《不公平的比赛！》——全球工业联盟对现代集团劳资关系的批评——针对该集团赞助的 2022 年世界杯足球赛，联盟呼吁该集团的现代汽车公司和起亚汽车子公司基于"国际框架协议"就劳资关系进行谈判。

现有劳资关系政策违反了各种国际公约，如联合国的《世界人权宣言》和《经济、社会、文化权利国际公约》以及《经合组织跨国企业准则》。投资者担心这会增加出现破坏性的劳资纠纷和消费者抵制的风险。

拥有现代和起亚两个汽车品牌的现代集团，近年来一直受到持续的劳资纠纷的冲击。2017 年，工人连续第六年举行罢工，导致汽车生产中断了 13 天。2018 年 12 月，他们再次罢工数小时，抗议公司拒绝接受他们提出的将基本工资提高 7.2% 并将公司 1/3 的净利润用作奖金的要求。

现代汽车的其他问题还包括，缺乏 SUV 车型导致销售不佳，以及来自反垄断监管机构要求集团简化子公司和关联公司之间交叉持股的压力。作为对后者的回应，2018 年 3 月 28 日，现代汽车宣布一项重大重组计划。几天后，艾略特管理公司宣布，它动用10亿美元购买了现代汽车及其主要子公司的股份。现代汽车的控制人郑氏家族终于可以从应接不暇的困扰中解脱出来。艾略特管理公司表示，将推动现代汽车开展公司治理改革，帮助现代集团优化资产负债表，并推动集团旗下各公司资本回报率提升等更为深入的改革。

2018年5月21日，现代汽车宣布，在征求股东意见之后，将搁置一项有争议的重组计划。这项重组计划涉及88亿美元，由控制现代集团的郑氏家族卖出其持有的集团物流部门格罗唯视储运公司（Hyundai Glovis）30%的股份，用于购买集团旗下的汽车零部件制造商摩比斯公司（Hyundai Mobis）股份，后者是现代汽车集团管理架构的核心角色。因为担心此举将加强郑氏家族的控制，艾略特管理公司和其他少数股东坚决反对该计划（3.14）。

该交易原定于5月29日进行表决，但在此前几周，机构股东服务公司（Institutional Shareholder Services，ISS）和格拉斯·刘易斯公司（Glass Lewis & Co）都表示反对该计划。ISS在5月中旬表示，董事会未能就这笔交易给出明确的商业理由，也没有提供任何支持所谓协同效应的细节。

由于两名代理顾问机构反对该计划，该计划不得不被搁置。该计划需要2/3多数才能通过，而拥有摩比斯公司49%股权的外国投资者会阻止该计划。

财阀遭遇了来自各方要求改革的压力，包括：来自政府的压力，来自外国投资者要求简化旨在保持家族控制权而使用的复杂的交叉持股结构的压力，以及来自财阀企业的员工要求提高工资和改善工作条件的压力。财阀在韩国战后工业化进程中发挥了积极作用，但是他们从政府获得的支持，如早期的担保贷款到近些年的总统赦免，在当今时代并不合适，因为以牺牲少数股东利益为代价的家族控制是一种时代错误。

韩国财阀的家族成员所表现出的傲慢激怒了公众。韩国的韩进集团是大韩航空和旗下连锁酒店的控制人，2014 年，44 岁的韩进集团继承人赵显娥（Heather Cho），在大韩航空从纽约起飞的国际航班上，因为机组提供的坚果大发雷霆，她命令飞行员滑行返回登机口，并且让机组负责人下机。2015 年，上诉法院判定赵显娥暴力袭击空乘人员罪名成立，判处 10 个月监禁，缓期两年执行。

投资者还担心，韩国财阀可能对投资韩国初创企业和中小企业构成风险。我们投资的一家成功的烘焙企业的创始人告诉我们他在首尔的一家夜总会与财阀打交道的经历。当他抱怨一群财阀高管过于吵闹时，他被叫到桌旁，财阀的家族成员威胁他："你是多想让我们也进入烘焙行业？"

这种有意或无意地制约国家创业活力的禁锢正在逐渐失去效用。由于违反了现代公司治理原则，财阀的组织形式使其可能成为积极投资者在新兴市场取得的最突出成就。底层的商业架构不必被彻底拆解，但它们将被迫适应。当前阶段，它们最可能先发展成西式企业集团，然后通过 IPO 拆分成多个企业，目前已经有许多大型子公司独立上市。因此，将家族控股比例降至有效控股权水平之下并不是一件难事。

达成结论

根据哲学家卡尔·波普尔（Karl Popper，1902—1994 年）的说法，民主的核心问题不是"谁来统治"，而是"我们如何组织政治机构，以免受坏的或者无能的统治者带来太多的伤害"。(3.15)

统治者的地位与统治或治理体系之间的区别，对投资者和民主人士同样重要。在这两种情况下，治理体系都为选民提供了一些保护，使他们自身利益免受不诚实、不称职或自私自利的领导人的侵害。

我们不同意英国历史学家和道德家阿克顿勋爵（Lord Acton）的观点，即"伟人几乎总是坏人"，但我们承认他提出的危险："权力往往导致腐败，绝对的权力导致绝对的腐败"。我们也发现，腐败风险，如巴西石油公司（Petrobras）、Cukurova 公司和 Steinhoff 公司等新兴市场丑闻，并不局限于 CPI 排名较低的国家。安然（Enron）、帕玛拉特（Parmalat）、埃尔夫石油（Elf）、麦道夫（Madoff）、世通（WorldCom）、大众汽车和日本神户钢铁（Kobe Steel）等公司的名字，都证明了无论是在成熟市场还是在新兴市场，商业领域普遍存在滥用权力的现象。

腐败会增加国家风险溢价（Country Risk Premium，CRP），即投资者为补偿在该国投资的风险（包括政治不稳定、汇率风险以及国家负债和英国脱欧等经济不确定性风险）所需要的额外回报。

在选择国家作为投资对象时，投资者最看重经济增长率，但 CPI 排名等背景条件和整体的国家风险溢价，有助于投资者判断国家的经济增长将多大程度上给当地企业股东创造价值。

出于同样的原因，在选择企业进行投资时，公司治理标准及其在实践中的落实和执行情况，将有助于投资者判断企业所创造的价值将多大程度上惠及少数股东。

背景条件

CPI 排名和国家风险溢价是衡量投资风险的有效指标。对于根据指数成分变化进行调仓的被动基金来说，它们可以决定资产的地域配置。

　　但是，这些都是粗糙的资产配置方案。这个方案分析深度不足，无法从中发现优秀企业：一些公司所在的国家 CPI 排名低且国家风险溢价高，但是公司本身可能是很好的投资标的。

　　积极投资者拥有更清晰的洞察力，他们会在被动基金忽略的国家寻找那些具有达到 ESG 标准的潜力，但尚未实现的公司。

　　公众对某个国家吸引投资者能力的印象，受到与该国打交道程度的影响。一个在政治或行政层面上看起来无能和腐败的国家，在其商业层面可能显得充满活力和创新。你如果避开所有治理不善的国家，就会错过大量有着丰厚回报且经营良好的公司。

　　然而，我们必须承认，新兴市场中不同规模的公司对投资者的吸引力，在很大程度上取决于该国的整体背景条件。我们这样说，不仅是因为 CPI 排名和国家风险溢价彼此不同，还因为制度框架、面临的宏观经济形势和对企业的态度也大相径庭。

　　我们将所谓的 FELT 测试用于潜在的投资评测。

- 它公平吗（Is it fair?）——所有投资者都受到了平等对待吗？
- 它是否有效（Is it efficient?）——股票买卖是否简便和安全？
- 它是否具有流动性（Is the market in the shares liquid?）——股票是否有足够的发行量和成交量保证定价准确？
- 它是否透明（Is it transparent?）——相关信息是否容易获得？

　　第一个和第四个问题与公司治理有关。第二个和第三个问题更多与制度框架有关，如银行和托管服务是否具备，是否拥有受监管的本地资本市场和商品市场，法规和判例法的稳定性、一致性和商业友好性，以及司法是否独立。

对任何希望吸引外国投资的政府来说，最为紧要的事情是确保境内的商业和金融环境具有足够的吸引力，足以说服一个全球主要的托管机构在那里开展业务。例如，我们不会在伊朗投资，因为伊朗没有一家大型国际托管机构。

各国的制度框架各不相同，但为了吸引投资者，它们必须包括一套合理和普遍接受的规则。吉安尼·蒙特泽莫罗（Gianni Montezemolo）在《欧洲整合》（*Europe Incorporated*）一书中指出，北欧和南欧国家对待规则的态度是不同的（3.16）。他说，一般来说，北欧人不喜欢规则，但往往会遵守他们仅有的几项规则；而南欧人喜欢制定规则，但在实践中往往不会太在意这些规则。

我们谈到基于规则的国家和公司治理，是指基于规则的治理体系，这些规则是良好治理的必要条件，这些规则相对稳定并受到广泛尊重。如果规则不能规范行为，不能制裁违反规则的人，那么规则将变得毫无用处。新兴市场的投资者需要担心大量的不确定性和风险，但不必担心他或她做出投资决策所依据的规则会在没有告知的情况下改变，或者竞争对手和供应链上下游企业可以经常无视规则却不受惩罚。

对投资者来说，最为重要的规则是有关权利和保护权利的规则，如产权、少数股东权利、获得公平审判的权利、确保司法独立和法律面前人人平等的权利，以及对监管机构、官员和行政管理人员的决定提出上诉的权利。

我们将在下一章更详细地讨论新兴市场的治理改革，但在此之前，我们想在这里提出关于公司治理的最后一点。作为 ESG 投资的主要推动者，它不只是用于衡量一家公司对投资者的吸引力。对于积极投资者来说，它也是一种工具，可以把公司从丑小鸭变成白天鹅。

第四章

治理的变革

我们降落在拉各斯（Lagos）国际机场，映入眼帘的广告牌上写着：欢迎来到拉各斯——卓越之城。稍作前行，20 个老式的海关办公桌包裹在塑料膜中，看上去还没有开始使用。

穿过闷热拥挤的航站楼，一位看上去十分严肃的海关人员接待了我们，他详细地对我们的护照和行李扫描检验。

"你们为什么来尼日利亚？"

"商务行程。"

"什么类型的业务？"

"投资。"

"做什么样的投资？"

"企业投资。"

"什么公司？"

马克刚好看到在海关背后的墙上印着当地一款牛奶制品的广告。虽然我们对这家公司闻所未闻，但当马克以这家公司的名字作为回答的时候，海关人员还是满意地让我们通过了。

在我们去酒店的车上，马克一直在手机上浏览新闻。莫·易卜拉欣，一位英国籍苏丹裔富豪，同时也是莫·易卜拉欣基金的创始人，创立了一年一度的非洲领导力成就奖。

抵达酒店以后，我们发现水龙头里流出来的水竟然是棕色的。卡洛斯在去酒店前台的路上，又被电梯困住了。他呼叫着求助，但最终还是只得自己爬出来。看来"卓越之城"是需要些升级改造了。

即使有这些不令人满意的设施和西方式的官方标语，不得不说在交通、污染和贫穷等方面拉各斯还是体现了它的"卓越"。自从1991年联邦政府搬到阿布贾（Abuja），政府管理权从政客移交到商人之手之后，拉各斯的经济得以大幅发展。过去10年间拉各斯的人口翻了一番，达到2 000万人。据官方统计，2017年当地GDP达到1 360亿美元，占比超过尼日利亚全国GDP的1/3，比肯尼亚全国GDP还要高。当地名义人均收入超过5 000美元的比例是尼日利亚平均值的两倍还要多。

拉各斯是尼日利亚的制造业之都、非洲银行业的摇篮，同时也是音乐、时尚和电影业的发源地。如今，它已成为一个科技中心，可与享有"硅谷草原"之称的内罗毕相媲美（4.1）。

"在过去的18年里，拉各斯已经发生了转变。"拉米多·萨努西（Lamido Sanusi），前尼日利亚央行行长、现任北部城市卡诺（Kano）的埃米尔（Emir），在2018年3月告诉《金融时报》，"在公路建设、基础设施、管理水平、总体投资环境和安全等各方面，拉各斯政府为人民提供了巨大的发展机会。"

几年前，马克和卡洛斯曾来这里考察一家我们有投资意向的银行，并参加了一家我们投资的啤酒厂的年度股东大会。我们的行程也包括去阿布贾会见萨努西，当时他还是央行行长。再一次回到拉各斯，我们切实体会到了萨努西5年后所描述的一些东西。这座城市似乎很安全，而且有一股强大的底气和活力。即使游客们觉得街头商贩的叨扰让人恼火，但我们很欣喜。这表明，无论人们如何评价阿布贾的政治家和政府官员的诚信水平，或是当地基础设施的质量，拉各斯人民，包括越来越多来自农村地区的务工人员，都渴望过上更好的生活。

改革创造价值

新兴市场投资的一个特性是成熟市场投资所不具备的，即股价有可能因国家治理标准的改善而全面上涨。换句话说，国家风险溢价总是有可能下降的。而在其他条件相同的情况下，一国风险溢价的降低将推动其所有公司的股价上涨。

我们对这些可能性进行分析并计算其发生的概率，我们在寻找投资的企业时也是如此。我们不会投资一家经营不善的公司，除非我们认为来自我们和其他股东的压力很有可能引发公司实实在在的改革，而不仅仅是改革的承诺。

作为经验丰富、充分掌握信息的长期投资型股东，我们对公司董事会和其他投资者有一定的影响力，进而利用这种影响力推动我们所投资的公司进行治理改革。

我们对政治家、政党或派别没有太多直接的影响，尽管我们作为政治家们所希望吸引的外国投资者的代表，经常不时地收到来自他们的咨询。然而，我们把了解国家的政治动态和改革面临的压力作为我们的工作，以便评估在我们的投资期内进行重大改革的机会。

换句话说，改革治理有两个维度——国家层面的宏观维度和企业层面的微观维度。两者都可以创造价值。宏观改革通过改善营商环境来创造价值，可能涉及以下几个方面：减少腐败、CPI 排名上升、建立有利财产权的法律基础、更好地遵守国家税法、提高公职人员的工资和能力、增加基础设施的预算、更公平和牢靠的监管标准，以及更稳定的物价水平。企业层面的微观改革，通过使企业对现有和潜在的客户、雇员和投资者更具吸引力而为公司股东创造价值。上述举措，可以创造就业机会，为当地社区带来更多的资金投入并进一步扩大经济规模。

宏观改革

每个新兴市场都有各自的特点，每个市场都有自己的发展和改革模式。但我们发现，在腐败、贪污和不称职的政府统治下的国家通常存在改革的阻力。阻力的性质和程度，以及纾解的难易程度都会有所不同，而阻力导致改革推行的速度也会有所不同。虽然阻力始终会存在，但纾解的机会也会以不同的形式出现：也许是政权的更迭，也许是打破腐败或无能的治理现状的某种机遇。

改革的实施速度显然会影响到市场重新评级的时间，一般来说，在改革方案公布后投资者最好耐心等待。不过，当老百姓对改革的渴求很强烈时，改革的速度可能会出人意料地迅速。

米哈伊尔·萨卡什维利（Mikheil Saakashvili），在 2004 年 1 月接替爱德华·谢瓦尔德纳泽（Eduard Shevardnadze）成为总统。彼时他刚过完 37 岁生日仅一个月。当时，格鲁吉亚是一个深陷困境的国家，以贫困、高犯罪率、破败的基础设施（频繁的断电、破旧的学校和医院）和猖獗的腐败而著称。没有人愿意在一个 CPI 排行榜 145 个国家中排名第 133 位的国家投资。

最初，格鲁吉亚的问题似乎因新政府上台而更加复杂。格鲁吉亚的亲西方外交政策和宣布加入北约和欧盟的意图，损害了它与最大贸易伙伴俄罗斯的关系。格鲁吉亚计划离开俄罗斯势力范围的举动彻底激怒了克里姆林宫,后者随即宣布 2006 年禁止进口格鲁吉亚葡萄酒,切断了两国之间的所有金融联系,并提高了向格鲁吉亚出售天然气的价格。

萨卡什维利上任后,我们在格鲁吉亚各地游历并与商界人士交谈。我们意识到改革的影响远比我们想象的要深,一些与曾经的格鲁吉亚完全不同的东西正在出现。

萨卡什维利和他带领的政府开除了包括警察在内的所有有污点的公务员,只重用那些没有被牵连或涉嫌腐败的人,并把他们的工资提高到不用受贿就能过上体面生活的程度。许多以前主宰格鲁吉亚经济的寡头被逮捕,其中大多数人同意支付巨额罚款以换取获释。新政府摒弃了官僚作风,简化了税收制度,打击了逃税行为,并启动了一项雄心勃勃的私有化方案。较高的税收收益,加上私有化的收益,使政府的收入在 3 年内翻了两番,并为政府服务和基础设施的大量公共开支提供了财力基础。自来水和电力设施可靠运行,学校和医院被翻新,政府大量投资于新的道路和住房。

这些改革和政策对国家的命运产生了戏剧性的、令人惊讶的快速影响。经济增长率大幅提升,在金融风暴前的 2007 年达到了 12%,使格鲁吉亚成为东欧增长最快的经济体之一。世界银行将格鲁吉亚称为"世界上第一大经济改革体"。在 2008 年之前的 3 年内,格鲁吉亚在世界银行的"营商便利度"排名中从 112 位上升到 18 位。

2011 年,格鲁吉亚议会通过了《经济自由法》(Economic Liberty Act),限制政府干预经济的能力,并对公共开支和借贷分别设定了30% 和 60% 的削减目标。该法案还规定,未经全民公决不得改变税率和结构。

也许对投资者来说最重要的是,格鲁吉亚的 CPI 排名从 2004 年远低于俄罗斯的 133 位(共 145 位)飙升到 2008 年的 67 位(共 180

位），比俄罗斯高出 80 位。直到 2013 年萨卡什维利在连任两届总统期满离任时，其在 175 个国家中排名第 51 位。如果没有人民对这种变革的强烈渴望，这种国家风气的根本性转变是不可能发生的。

对我们来说，这些格鲁吉亚改革中最令人印象深刻的特点之一是萨卡什维利政府对"象征主义"的重要性的理解，首都第比利斯的公共服务大厅就是一个例子。由意大利建筑师马希米亚诺·福克萨斯（Massimiliano Fuksas）设计的超现代建筑由高大的白色蘑菇和细长的茎组成的屋顶覆盖着玻璃办公大楼。它是公众与公务人员互动的一站式服务场所，如办理执照、护照、商业登记等。它的透明度象征着政府自信开放和诚信务实的新风尚。它的美丽意味着这种品质是现代的和"酷"的，而腐败和贿赂是过时且"不酷"的。

萨卡什维利联合民族运动在 2012 年议会选举中失败后，2013 年 11 月由乔治·马尔格韦拉什维利（Giorgi Margvelashvili）接任总统。当时，通过修改宪法，总统办公室的大部分权力已经转移到总理办公室，当时的总理由"格鲁吉亚梦想联盟"的亿万富翁领袖比济纳·伊万尼什维利（Bidzina Ivanishvili）担任。

伊万尼什维利总理上任后不久，就邀请我们到第比利斯讨论外国在格鲁吉亚的投资。会前，我们在导游的带领下参观了公共服务大厅。我们不仅被窗明几净的大楼所打动，而且被一个政府办公室的开放性、效率和透明度所打动，而这个国家以前是以腐败著称的。我们在参观过程中被告知，这一看似奇迹的转变的催化剂是前总统解雇了几乎所有公职人员，以及在后续再招聘中仅仅考察个人资质。

这次参观更令人欣慰的是，它表明伊万尼什维利政府对这座建筑和它所象征的东西感到骄傲。而且，尽管他的联盟包含激进的民族主义者和亲俄罗斯的前谢瓦尔德纳泽政府成员，但是新政府不太可能全盘否定萨卡什维利的改革方向。事实证明也是如此。到 2017 年，格鲁吉亚 CPI 排名上升到第 46 位。

在随后与伊万尼什维利家中的会晤中，他请我们就如何提高格鲁吉亚的投资吸引力提出建议。讨论的重点是建立一个政府基金，与私人基金共同投资于当地公司。我们强调了强有力的法律框架对保护私营企业和基于规则的经济的重要性。没有人比伊万尼什维利更了解这些事情的重要性，他自己也建立了一个庞大而成功的企业。他和萨卡什维利之间的主要区别在于，他倾向于与格鲁吉亚最大的贸易伙伴俄罗斯建立更友好的关系。

这次会议之后，我们来到当地的一家大型银行，我们在该银行有10% 的股份。这项投资是我们在萨卡什维利第一任总统任期初期进行考察后做出的。我们正在研究政治和宏观经济层面的结构性变化，并关注它们对机构投资的意义。这家银行吸引了我们的注意，因为它从国际金融公司（IFC）聘请了一名格鲁吉亚人担任首席执行官。国际金融公司是世界银行集团的成员，提供投资、咨询和基金管理服务，并鼓励私营部门在发展中国家投资。

新任首席执行官效仿政府的做法：他解雇了一些年长的员工，聘请了有经验的银行家，提升了银行的专业化水平。他主动找到我们，并将我们作为潜在的投资者加以游说："如果你想投资的话，是否希望董事会中有人能代表你和其他股东的权益？"我们认可该银行的监督、治理和相关人员的管理水平后购买了其 10% 的股份。我们采访了高级管理人员和部门经理，与包括国际金融公司在内的其他股东进行了交谈，并向各分行派出了"神秘顾客"，以了解这些改革的效果。

该银行是一个巨大的成功故事。它是由年轻、雄心勃勃的经理人经营的，其中许多人以前曾在跨国机构工作过。他们希望成为最佳实践的样本，为良好的公司治理、高度透明的信息披露以及承诺让所有股东充分了解情况而树立榜样。这些人是格鲁吉亚新风气的先锋，他们不需要欺诈即可取胜，他们在遵守规则的情况下获得成功。

同样的事情正在非洲发生，尽管改革的速度不一样。当地的资本、知识、人力资源，只需将其纳入一个适当的架构就能焕发活力。我们投资了格鲁吉亚银行首席执行官的兄弟创办的一家咨询公司，为各国提供如何改革的建议。他曾为一些非洲国家的政府工作，包括加纳和卢旺达的政府。他建立了与政府互动的中央一站式服务，而不是让村长和市长去做这些事，非常行之有效。

与萨卡什维利铁腕改革方式相呼应的是，在 2017 年开始的王储穆罕默德·本·萨勒曼的反腐运动中，沙特阿拉伯王子、高级政府官员和商人被关押在利雅得的丽思卡尔顿酒店。据报道，这些相当于格鲁吉亚寡头的沙特阿拉伯人获得自由的代价同样是支付巨额罚款。

微观改革

企业层面的治理改革是在各种内外部压力下进行的。为了吸引和留住优秀人才，企业需要在高级管理层的任命中尽量减少任人唯亲和裙带关系。为了吸引资本，新兴市场公司需要遵守外国投资者关于 ESG 的要求。

在我们努力实现企业层面的治理改革的过程中，有一些反复出现的核心主题。我们认为，董事会的组成是企业认真履行对少数股东责任的重要证据。我们认为，股息政策、报告的频率和透明度，以及高管人员的收入是否通过其薪酬方案与公司业绩、股价相挂钩，是外部投资者最关心的问题。

我们不是亚当·斯密式的 18 世纪的投资者，他们"很少自诩了解公司的所有业务……并心满意足地接受董事会认为合适的半年或一年一次的股息"。我们希望能得到充分的信息和意见。如果我们对更有代表性的董事会、公平的分配政策以及行政人员和股东利益的协调的要求没有得到重视，我们将出售我们的股票。

从微观到宏观

如果说宏观仅仅是微观的总和，那就太简单了，但不可否认，在治理改革方面宏观和微观是紧密相连的。宏观改革既是微观改革的助力，也被微观改革所推动。从经济学意义上讲，企业层面的改革就是国家层面的改革的目的。

宏观改革者明白这个道理。例如，伊万尼什维利总理曾两次邀请我们与他谈话，因为他想了解格鲁吉亚如何才能吸引更多的外国投资。如前所述，我们强调了强有力的法律框架和基于规则的经济的重要性。我们给东欧另一个国家的政府留下了类似的印象，但方式非常不同。

2008 年 12 月中旬，在圣诞节前的收尾工作中，出现了一则公告。罗马尼亚政府就 2005 年设立的大型投资基金 Fondul Proprietatea 的管理权进行招标。如果我们有兴趣，就必须在年底前提交一份标书。

在决定是否值得在圣诞节和新年来临前去争取这份工作，我们需要回答两个问题：这是否是一个有吸引力的任务？我们的胜算有多大？

第二个问题相对容易回答——我们认为，我们没有机会胜出。后来我们发现共有 25 个企业参与招标，在这场被业界称为"选美大赛"的比拼中，一半是当地公司，一半是外国公司。后者中更不乏摩根士丹利和贝莱德（BlackRock）等重量级企业。我们认为招标极有可能会倾向于当地公司，即使能克服这一障碍，中标的外资管理者也必定是大牌公司。纵使我们在新兴市场和前沿市场的经验比其他大多数公司更丰富，我们仍觉得自己机会渺茫。

但是……

我们最终还是决定舍弃了圣诞假期以准备这笔投标，因为第一个问题的答案是：是的，我们确实认为管理 Fondul Proprietatea 这样的基金机会难得。这是一个 40 亿欧元的大型封闭式基金。我们认为自己具备放手一搏的实力：我们很了解这个国家，也熟悉其投资组合中的公司类型。我们期望能按自己的意愿管理基金，因为该基金的所有者罗马尼亚政府曾宣布打算在不久的将来准备股票上市，并进一步减少其所有权。这只基金的起源和目标确实对我们很有吸引力。

第二次世界大战结束后，罗马尼亚的经济开始了无偿国有化。在 1989 年 12 月罗马尼亚的政府被推翻后，尼古拉·齐奥塞斯库（Nicolae Ceauşescu）的统治被推翻，他被处决身亡。40 年前资产被无偿收归国有的人群中，有人向法院提出了赔偿要求。诉讼拖了 15 年，直到罗马尼亚新政府宣布，每个人（包括外国人和罗马尼亚公民）只要其上诉有据可查，都将得到补偿，任何在齐奥塞斯库统治下被没收的资产将按今天的价值计算赔偿。这是非比寻常的。

上述全额赔偿将在两种情况下进行：如果有关资产仍然存在，并且可以清晰确认与战后被没收的资产相同，那么这些资产就会被直接返还。布朗城堡（Bran Castle），俗称德古拉城堡（Dracula's Castle），就是其中之一，2006 年，城堡所有权由国家转交给战前所有者罗马尼亚王室伊莱亚娜公主（Princess Ileana）的儿子多米尼克·冯·哈布斯堡（Dominic von Habsburg）。对于那些因早已被划分、部分被转移到其他实体等原因而无法以这种方式明确的资产，则由政府机构进行核准和估价。胜诉的索赔人获得了 2005 年因此目的而成立的 Fondul Proprietatea

（FP）公司的股份，作为对其原始资产的替换，其名义价值相当于商定的索赔价值。

当然，名义价值是一回事，而市场价值则是另一回事。在 FP 上市之前其股份没有市场价值，但有实质价值，其形式是在罗马尼亚公用事业和其他一些国有企业中的少数股权（通常约20%）。

FP 最初完全由罗马尼亚政府拥有并由政府官员管理。基金成立时曾宣布，将在一年内任命独立的管理人，股票将公开上市发行。

这是解决赔偿问题的一个好办法，一旦 FP 上市，就相当于将其持有股份的国有企业部分私有化。但政府关于尽早任命外部管理人和随后的上市承诺并没有兑现。

部分原因是政府正在处理的索赔数量巨大，总数大约 7 万件。到 2008 年 12 月对 FP 管理权进行招标时只处理完成约 15 000 件。这种延误对于那些想要依靠赔偿，特别是从 FP 基金中赚快钱的人是有利的。

这些人采用了两种手段来获利。首先他们与索赔人接触，提出在索赔获得批准之前购买其份额，价格仅为索赔获批后价值的一小部分。然后，他们将推动索赔获批，一旦批准程序完成，以 FP 股份计算的索赔价值将增加 3 ~ 4 倍。这些债权被提交到 ANRP 进行审查和估价，ANRP 是一个为此目的而设立的国家机构，不久之后该机构的一些官员被调查、起诉和定罪。

其次，他们开始在所谓的灰色市场——布加勒斯特火车站旁边的一个不起眼的摊位交易 FP 股票。在这一阶段，灰色市场的价格为股票面值的 10% ~ 30%。

到 2008 年，这些策略已经初见成效，而这些商人也已经准备好在股票公开上市时大捞一笔，预计 FP 公司的股票交易价格将大大高于灰色市场价格。

有趣的历史。有趣的基金。即使我们的胜算不大，但我们还是参与了投标。出乎意料的是，我们在第一轮中幸存了下来，其他五家分别是：摩根士丹利、荷兰国际集团（ING Group）、英杰华集团（Aviva Group）、裕信银行（Unicredit）和贝莱德。更令人惊讶的是，没有一家本地公司通过第一轮竞标。最后入围名单上有两个名字，我们和摩根士丹利，而我们成了赢家。但在罗马尼亚，你要学会不要高兴得太早。

有人向主持招标工作的特别遴选委员会提出建议，对于我们的任命既有支持更有反对的声音。我们后来发现，美国时任驻罗马尼亚大使马克·吉坦斯坦（Mark Gittenstein）密切关注着这次招标。他非常关心罗马尼亚，以及透明度和法治的必要性，也关心 FP 的美国股东们。FP 基金管理人一职的人选可能昭示了美国和罗马尼亚之间更广泛的外交关系。

遴选委员会最终确认我们在管理 FP 的招标过程中胜出。但这只是个开始，我们还必须获得 FP 公司股东的正式批准，而事实证明这并不只是走个过场。在 2009 年 7 月为批准管理权任命而召开的股东大会上，持有 FP 多数股份的政府代表缺席，我们一直没有找到原因。会后，当时由国家任命的 FP 首席执行官丹妮拉·卢拉奇（Daniela Lulache）指出："也许你们没有做完所有应该做的事情。"我们很沮丧，甚至准备认输作罢。FP 的私人股东和美国大使劝我们耐心等待。"不要放弃，"吉坦斯坦说，"其中有很多利害关系。"在布加勒斯特的任命结束后，这位前大使接受了股东们的邀请，加入 FP 董事会担任独立董事。

所以我们继续等待。最终我们的耐心得到了回报，政府换届了。新政府同意了招标结果，并授予我们基金管理权。我们在 2010 年 9 月 29 日的股东大会上被正式任命。4 个月后，FP 的股票在证券交易所上市。这些面值为 1 列伊（列伊是罗马尼亚货币单位，1 美元 ≈ 4.07 列伊）的普通股在灰色市场以 20 ~ 25 美分的价格转手。公开市场的交易价格为 65 美分。

2010 年 9 月，我们开始让 FP 的代表进入 FP 和国家持有全部股权的国有企业的董事会。我们还希望为所有 FP 股东创造一个公平的竞争环境。FP 私人股东的投票权曾被限制。我们要求取消所有这样的投票限制，以确保无论所有权如何都是一股一票。这并不是所有人都希望看到的。一些有既得利益的股东要求在一天之内召开股东大会，我们猜想他们打算在会上要求我们停止对国有企业董事会派出代表并保留投票优先权。当我们和其他股东指出根据罗马尼亚公司法，股东大会召开必须提前 30 天通知，此次的会议将是非法的时候，强烈的反对声浪渐渐消失了。这 30 天的通知期经常被政府股东们所忽视。他们习惯于在没有合适文件的情况下，连夜召集公司股东大会。我们对这一做法提出质疑，并得到了法院的支持。

与此同时，我们一直在检查所投资的国有企业的账目，寻找腐败的迹象。我们发现腐败现象很普遍。水电公司就是一个例子。我们持有该公司 20% 的股份，这也是 FP 第二大投资，占基金份额的 20%。FP 要履行对股东的责任，这笔投资就必须要有良好的业绩。

该公司是欧洲最大的纯水电公司，拥有 60 亿瓦的发电能力。但在 2010 年之前，它的营业利润微乎其微，甚至出现小幅亏损。这很奇怪，因为水电的大部分成本来自为建设水电设施如大坝和水轮机而支付的债务利息，而这种债务并不多。由于没有燃料成本，公司的经营利润率应该不错。

我们的调查直指电力交易的一些问题，遂要求提供相关文件。公司不愿意提供这些文件，我们指出，作为一家国有企业，水电公司有明确的报告责任，如果管理层和董事会不遵守我们的要求，我们将对其采取法律手段。

最终文件还是送达了。这些文件显示，一小撮私人电力贸易商签订了长期合同，以固定价格向水电公司购买电力，有时价格仅为市场价格的一半。我们请经理层予以解释。首席执行官解释是因为银行希望得到长期合同的保障。我们要求他终止合同，因为这些合同明显违背了股东的利益。我们估计，这些私人贸易商仅仅通过重新开发票的方式每年就能赚取 3 亿欧元。FP 拥有该公司 20% 的股份。这意味着其股东每年损失 6 000 万欧元。

合同的条款明显偏袒这些私人贸易商。他们不仅支付了低得离谱的电价，而且还可以随时终止合同，不收取任何费用，而水电公司如果终止合同就会受到重罚。但该公司称合同是合法的，所以什么也做不了。

我们不甘心就这样算了，于是在网站上公布了合同。所有的丑闻都爆发了。这件事在几个月内一直是媒体的头条新闻。这是罗马尼亚有史以来最大的腐败丑闻。

合同风波使事件政治化，政府很想缓和局势。政府的解决方案是宣布该公司破产。不出所料，贸易商们提出了反对意见。法院裁定，由于水电公司已经破产，债权人指定的管理人拥有取消合同的合法权利。

司法管理人雷姆斯·博尔扎（Remus Borza）非常出色。我们和他一起重组公司、取消合同，并为不可避免的上诉做准备。在又一次政府更迭后，有人试图解雇博尔扎但未能成功，因为他代表了债权人的利益。在他的监督下，水电公司得以周转并开始真正赚钱。在这篇文章的写作之时（2018 年年初），它的盈利为每年 3 亿欧元。

在迫使取消了这些不利的合同之后，我们想防止其他类似情况出现。幸运的是当时国际货币基金组织正在积极为罗马尼亚提供救助贷款，其中一个有利的条件是为国有电力公司制定了《公司治理法》，要求它必须有独立董事任职以确保独立管理。我们与国际货币基金组织合作，加强了对罗马尼亚电力交易所（OPCOM）的管理，并要求发电商必须通过交易所进行销售。

回顾在布加勒斯特担任 FP 投资组合经理的时期，格雷格认为这证明了公司良好的治理规则对引发变革的力量，以及整个国家对改革的渴望。

截至 2017 年 9 月，FP 的资产净值为 27.2 亿美元，成为全球最大的上市基金之一，其投资组合包括数十家国有企业的少数股权，其中包括水电公司，该公司着手准备 IPO。罗马尼亚经济表现强劲，2017年第三季度录得 8.8% 的同比增长率。它仍然受益于 2009 年的改革，当时，国际货币基金组织将削减公共部门的工资和养老金作为实施救助的一个条件。

到 2016 年，罗马尼亚已经攀升到 CPI 排行榜的前 1/3。但在 2016年 12 月社会民主党政府执政后，FP 的经营环境开始变差。它开始恢复旧的做法，这些做法有可能破坏近年来在减少腐败和改善治理方面取得的进展。

作为 FP 的投资组合经理，格雷格很担心。他说，政府一直在用其亲信取代独立的国有企业董事，并担心议会计划出台使国有企业免受公司治理规则影响的法律。

格雷格认为，这种举动对投资者的影响远远超出直接影响的公司。他说："很多国有企业要么是能源行业，要么是基础设施行业。如果你作为一个外国直接投资者，看到道路等基础设施没有得到改善，或者看到管理不善可能意味着无法降低海运和空运成本，你就不会投资这些行业。"

他警告说，这样的发展可能会降低投资环境的吸引力，需要推迟期待已久的 IPO，并推迟 MSCI 将罗马尼亚从前沿市场提升为新兴市场的计划。后者对罗马尼亚来说非常重要，因为这将使该国可以向更多的投资者开放。

能源部长托马·佩特库（Toma Petcu）坚持认为水电公司的 IPO仍在 2018 年年初的轨道上，但表示只有 10% 的股权而不是最初计划的15% 将上市。这可能无法提供足够的流动性来佐证 MSCI 评级的上升。由于对水电公司上市计划的修改感到不满，FP 正在考虑出售其占净资产价值 1/3 的 20% 股权。

此后，政府换届，FP 与新政府在共同持股的国有企业的公司治理问题上多次发生冲突。2018 年 2 月 14 日，在布加勒斯特举行的新闻发布会上，格雷格表示，在 IPO 之前，水电公司要做好相关准备。但是他又说："没有，政府并没有意愿和行动来推动公司的上市进程。"他认为 2018 年没有上市的机会，并表示 2019 年上市的前景取决于政府。

这就是宏观与微观的交汇点。自 2012 年以来，FP 努力通过微观干预为其股东创造价值，帮助罗马尼亚大型国有企业的盈利能力翻倍。它一直在向政府施加压力，以使其继续支持国际货币基金组织救助的宏观改革。它的做法是迫使政府面对这样一种可能性，即如果政府坚持取消公司治理改革的计划，水电公司上市的收益将大大降低。

可持续的改革

当马克参观我们有意向投资的拉各斯银行时，卡洛斯早早地就来到了尼日利亚第二大啤酒厂的股东大会。他对照着笔记，准备提出我们通常在这种会议上会提出的有关公司治理的问题。他向几个其他外国投资者的代表挥手，他知道他们中的大多数人都和他关心同样的问题。

在完成了正式的开场白后，会议开始接受现场提问。"表演开始。"卡洛斯自言自语道。他看了看自己的笔记，准备站起来提问。但是，事实上，他和那些外国投资者在剩下的交流中一直都是坐着的。

"有几个当地的养老基金经理站起来，开始问我打算问的问题，"卡洛斯回忆说，"我当时很惊讶。我无法相信他们是那么积极、聪明和老到。我本以为外国投资者会率先发言，但他们一言不发。当地的养老基金在尼日利亚的管理规模越来越大。这两个家伙当时管理着200亿美元左右的资金。他们把股息发放作为董事会的主要考核指标，并要求管理层的薪酬更加透明。我永远不会忘记，外国投资者们先是面面相觑，而后哈哈大笑。'哇，'我们想，'我们可以放松了。'"

这对我们来说是一个重要的时刻。这意味着，尼日利亚当地的养老基金已成为我们努力向公司施加压力以提高其治理标准的潜在盟友，我们所乐于见到的制衡关系正在扎根，无论如何，在尼日利亚，负责任的、长期的、积极的当地股东正在出现。

这正是我们所希望的，也是非洲所需要的。

第五章

积极主义

投资者从来没有像今天这样拥有如此大的权力。他们并不总能想到使用这些权力，但在发达经济体中，上市公司的管理者可以无视纠缠不休的投资者的时代已经过去了。这是自由资本主义演变过程中的一个新发展，对未来全球资源配置有着深远影响。

　　在我们所知的"南海泡沫"闪电崩盘后，英国1720年《泡沫法案》赋予股份公司投资者有限责任。自那以后，投资者就更愿意保持安静，多少给他们的代理人（管理层）一些自由空间。1776年，也就是股灾后的半个世纪，亚当·斯密指出，股份公司的投资者"很少自诩了解公司的所有业务，［并］满足地接受董事分配的半年度或年度股息"（5.1）。

　　两个世纪后，当阿道夫·伯利（Adolf Berle）［因与格迪纳·米恩斯（Gardiner Means）在所有权和控制权分离问题上合作而闻名］指出，"股东虽然仍然被礼貌地称为所有者，但他们是被动的。他们只有接收的权利。他们存在的条件是不干涉公司管理"（5.2）。在当今大多数西方经济体中，股东也有其他权利：发表意见的权利、聘任和解聘董事的权利、获得信息的权利、获得公平待遇的权利以及其他权利。

　　好奇的媒体以及对透明度有更高要求的立法者和监管者支持着股东们。这意味着，即使是小股东也可以在董事会和执行委员会发表自己的观点，在法规和证券交易所上市协议中主张自己的权利，向监管机构申诉，并在管理人和大股东试图侵害自己权利时告知财经媒体。我们用"可以"这个词，是因为越来越多的股东选择不行使投票权。虽然仍被礼貌地称为"所有者"，但［他们］总是很"被动"，"很少自诩了解公司的所有业务"。他们投资不是因为欣赏这家公司，而是因为这是他们基金经理选择跟踪的指数之一。因此，尽管出于营销原因他们可能声称对 ESG 感兴趣，但这些被打上 ESG 标签的基金仅仅在跟踪包含了 ESG 的指数。在 ESG 指数覆盖面有限的新兴市场，他们对当地公司 ESG 方面的接触如此之少，以至于根本无从了解。他们虽然理论上拥有权利，但如今他们实际上更愿意做实惠的资产经理，而不是直言不讳的投资者。

尽管整体趋势是被动投资，但投资者和消费者的"积极性"同时也在增加，并且大多与 ESG 问题有关。我们将首先关注投资者的积极性，并回忆积极投资者在积极地做些什么。

公平份额

理论上，公司向税务部门缴纳税款后，所创造的剩余价值应根据每个股东拥有的股份数平等地分配给所有股东。但实际情况并不总是如此。管理者可能会试图将不成比例的剩余价值转移到自己的口袋里，承担额外或不必要的风险，犯一些非强迫性失误，追求次优战略，或者在与供应商、合作伙伴、合伙人或工会的谈判中过多或过少地让步。监管这些所谓的"代理成本"是董事会的职责之一。

另一种更加排他的竞争形式是股东之间对剩余附加值的争夺，这种竞争在新兴市场尤为常见，但绝不仅限于此。理论上所有股东都是平等的，但现实中，就像乔治·奥威尔（George Orwell）的《动物庄园》（*Animal Farm*）中描述的猪一样，有些股东比其他股东"更平等"，并利用实际或有效的投票控制权抢夺小股东的公平份额。例如，他们可能会坚持更符合其利益的股息支付方案、业务或营销策略、并购方案、高管及董事会的人事任命，而不是考虑其他所有股东的利益。

用来压制小股东或少数股东的手段包括复杂的交叉持股，这种方式使实力过大的股东拥有实际控制权，同时实际利益所有权相对较小。例如，甲公司持有乙公司 51% 的股份，乙公司持有丙公司 51% 的股份，丙公司又持有丁公司 51% 的股份时，甲公司实际上控制了丁公司，尽管事实上甲公司的实际利益所有权仅占丁公司股权的 13%。

另一种以牺牲少数股东利益为代价来否定一股一票原则的常见方式是，公司发行无投票权的股票，或者保留创始人股东的特殊投票权。2017 年 7 月，标准普尔道琼斯在色拉布公司（Snap Inc.，Snapchat 应用程序的所有者）无投票权股票 IPO 之后，宣布拥有一种以上的普通股的公司不能纳入标准普尔 500 指数（5.3），这一决定受到了投资界的欢迎。

小股东的权利根植于规则和条例，其稳定性和公正性受到投资者的重视。因此，为将沙特阿美推迟的上市吸引到伦敦市场而改变规则，引起了几个机构股东的愤怒反应，对此英国监管机构应该不会感到意外。

2018 年 6 月，英国金融行为监管局（Financial Conduct Authority，FCA）表示正在推动在其溢价发行规则中设立一条新规则，使政府控制的公司可不受与寡头或私人公司相关的规则限制。根据 FCA 的新规定，主权基金股东不被视为关联方，因此与公司的交易不需要股东批准（5.4）。大型机构投资者，包括挪威石油基金——世界上最大的主权财富基金强烈反对这些修订，理由是这将削弱保护中小投资者免受沙特阿拉伯政府决定影响的力度。

尽管存在这种监管贿赂，但当控股股东试图否定小股东的权力时，小股东也并非无能为力。但是如前面提到的，他们并不总是想用这种力量来主张他们的权利。在某些情况下，被动基金享受作为股东的权利，仅仅是因为他们能够坐享积极的共同投资者的能量和勤奋。

从掠夺者到改革者

自 20 世纪 80 年代以来，积极投资者已经走过了漫长的道路，当时卡尔·伊坎（Carl Icahn）和托马斯·布恩·皮肯斯（Thomas Boone Pickens）被蔑称为"企业掠夺者"。虽然还有一些机会主义的掠夺正在进行，但是克劳迪奥·罗哈斯（Claudio Rojas）所称的"参与型"积极主义而非"财务型"积极主义越来越多，后者通过长期策略榨取价值（5.5）。罗哈斯引用了比尔·阿克曼（Bill Ackman）与加拿大太平洋铁路公司（The Canadian Pacific Railway）的代理人之战作为"参与型"积极主义的例子，其他类似的例子还有沃伦·巴菲特的伯克希尔·哈撒韦集团、丹尼尔·勒布（Daniel Loeb）的第三点对冲基金（Third Point LLC）和保罗·辛格的艾略特管理公司。

股东的"积极主义"采用了几种策略。写信给管理层并与之谈判通常是第一步。例如，丹尼尔·勒布就以他给目标公司首席执行官写了一封言辞激烈的信而闻名。通信之后是宣传活动、诉讼和在股东大会上提交对管理层不利的决议。后者可能会导致所谓的代理人之争，当积极投资者说服其他投资者后，其中一部分人会被动地与积极投资者联合起来就某些决议进行合作。

2018 年 4 月 4 日在意大利电信公司（Telecom Italia）一次董事会会议上就上演了一起有趣的代理人之争（5.6）。在蓝色角落的是法国亿万富翁文森特·博洛（Vincent Bolloré）的威望迪集团（Vivendi Group），持有意大利电信公司 24% 的投票权；红色角落里是保罗·辛格的对冲基金艾略特管理公司，拥有 9% 的投票权。每一方都对 10 个董事席位提出了不同的候选人。位于中间的是三大被动基金——道富基金（State Street）、先锋和贝莱德——持有约 7% 的股份。董事会开会前的新闻报道暗示，投票结果将会很接近，最后结果将取决于这 3 只被动基金的投票。

争论的焦点是艾略特管理公司认为威望迪集团将意大利电信视为博洛的商业帝国的延伸，并将意大利电信创造的价值转移给威望迪集团，而不是意大利电信的股东。投票权是争论的焦点。博洛集团对意大利电信拥有实际控制权，尽管它仅拥有威望迪集团 20% 的股份，且威望迪集团仅拥有意大利电信 17% 的股份（但投票权是 24%）。换句话说，博洛集团在意大利电信的实际收益股权不到 3.5%。

最终，艾略特管理公司及其盟友取得了胜利。在参与投票的 96.6% 的股权中，51.6% 支持艾略特管理公司提名的董事。在随后的一份声明中，这家对冲基金表示，这一胜利"向意大利及其他地区发出了一个强有力的信号，参与型投资者不会接受不符合标准的公司治理，从而为意大利电信股东价值最大化铺平了道路"。

积极投资者主要针对的目标是复杂的交叉持股结构和拥有额外投票权的特殊股份，这使创始者或局外人以较少的资本投入获得有效的控制权。这些被视为不良的治理行为在成熟市场越来越少，但在新兴市场仍然很常见，例如，包括艾略特管理公司和我们基金在内的积极投资者强烈反对韩国财阀产业集团将这种做法视为惯例，这一做法对新兴市场子公司的投资者和跨国公司的合伙人也是一种麻烦。

波兰酸桔子

2005 年 6 月中旬，我们惊讶地听说波兰移动电话运营商 Centertel 公司的 Idea 品牌将被 Orange 品牌取代。我们知道该计划的背后是法国电信（2013 年更名为 Orange，即本节所指的"桔子"），它拥有 Centertel 公司 34% 的股份，拥有波兰电信公司（Telekomunikacja Polska SA，TPSA）47.5% 的股份。我们还知道 Idea 是波兰手机品牌中最受认可、尊重和推崇的。作为 TPSA 的股东，我们担心强大的 Idea 品牌被一个在 2007 年还不为人知的品牌取代可能会使公司遭受损失。在我们看来，法国电信急于将 Orange 打造成一个全球品牌，这使 Centertel 公司的业务面临风险。

当发现 TPSA 不仅会支付品牌更换费用，还将支付年销售额的 6% 作为使用 Orange 的年费，我们认为这是法国电信在滥用权力，伤害了 TPSA 少数股东的利益。

我们得知法国电信正与波兰政府谈判，准备再购买该公司 4% 的股份，使其持股比例达到 51.5%。我们只持有 2.5% 的股份，因此很难召集到足够的代理人来召开股东大会。我们可以发表一份表示反对的新闻稿来制造一些声音，虽然这可能会影响 TPSA 的股价。但是，我们决定冒这个险，我们在波兰《选举日报》（Gazeta Wyborcza）官网发表了一篇题为"Orange 的想法会付出昂贵的代价"的文章，文中提到德国电信对其匈牙利子公司使用 T-Mobile 品牌仅收取 0.2% 的费用。

我们还致信 TPSA 的独立董事，提出我们的反对意见，并对他们批准 TPSA 因使用一个价值存疑的品牌被迫向法国电信支付"不公平的费用"而表示惊讶。

7 月 19 日，我们收到了高级独立董事安德鲁·西顿（Andrew Seton）的回复。他向我们保证，独立董事"非常认真地对待他们所肩负的保护所有股东利益的义务"，但他表示，并没有相关规定要求 TPSA 的监事会对子公司 Centertel 的交易进行表决。我们建议法国电信应当为在波兰使用 Orange 品牌向 TPSA 支付费用，因为 Orange 品牌在波兰"没有任何吸引力"，他未对该建议表示同意。他表示 Orange 是"全球移动电话领域最有影响力的品牌之一"，并推测波兰人不难接受这个品牌。

这就跑题了。我们并不否认 Orange 是一个强大的全球品牌，而是认为将被 Orange 取代的 Idea 在波兰是一个强大的品牌，并正在为 TPSA 的股东创造价值。

西顿并不否认从法国电信的角度来看品牌更替是有益的，但他坚持认为，这本身并没有"成为一场单方面博弈"。正如我们所担心的，TPSA 的少数股东不得不为一场全球品牌战斗中的一方提供资金，而战斗的结果对他们并无好处。

我们和另一个同样不满的股东进行了交流，我起草了一封联名信，发给波兰证券交易委员会主席雅罗斯瓦夫·科兹洛夫斯基（Jaroslaw Kozlowski），表示在这种情况下保护少数投资者的利益是他的职责所在，并要求他"对 Orange 品牌使用费展开正式调查"。

几天后，8 月 4 日，国际文传电讯社（Interfax）的波兰商业新闻社刊登了一篇文章，称证券交易委员会拒绝对 Orange 品牌事件进行调查，因为 Centertel 不是上市公司。该报引用了当地投资分析师帕韦尔·普查尔斯基（Pawel Puchalski）的话，"与 Orange 的交易显然降低了 TPSA 的价值"。他表示，如果我们能够阻止这笔交易或削减品牌使用费，那对少数股东来说将是一个非常好的消息。

8 月 13 日，我们再次致函科兹洛夫斯基，对波兰证监会认为母公司不应对其全资子公司负责表示惊讶。

这是我们的关键观点。包括美国证券交易委员会在内的大多数监管机构将上市公司及其子公司视为一个整体。我们告诉科兹洛夫斯基主席，作为外国投资者，我们非常关注上市公司另有实控人的情况下对中小投资者监管保护不足的问题。我们指出，有时这样的子公司可能比其母公司更有价值，它们违反监管规定的行为可能会伤害投资者的利益。

科兹洛夫斯基主席的回应并不令人放心。他表示，证监会只监管证券发行者在发行新证券时遵守信息披露义务的情况。他坚持认为监督公司活动是监事会的职责。如果我们认为 TPSA 的董事会行为不当，我们应该根据波兰法律寻求法律救济。

2005 年 9 月 2 日，在 Centertel 的 Idea 品牌被 Orange 取代两天后，华沙独立新闻社在其新闻头版头条为 Idea 品牌发布了声明："Idea 位居波兰品牌认知度榜首"。这篇文章引用了市场研究公司 TNS OBOP 的一份报告，90% 的波兰人认可 Idea 品牌，这是"多年营销和高额广告费支出的结果"。Centertel 在 12 万个创意广告上花费了近 3 亿美元。

就在更名之前，Idea 及相关品牌在波兰移动电话市场的份额约为 33%。自 2005 年至 2017 年三季度末，TPSA 为使用 Orange 品牌已向法国电信支付了约 5 亿美元的品牌使用费。当时，法国电信在波兰市场的份额为 28%。2005 年 10 月，TPSA 市值为 110 亿美元。到 2018 年 5 月，其市值仅有不到 20 亿美元。

回顾 TPSA 事件，留给我们的是一种酸酸的味道，以及对严重缺乏治理和监管的深刻印象。更名和授权安排显然是 TPSA 股东的一项重大交易，因此，没有要求 TPSA 董事会就该交易进行投票是令人担忧的。

严重缺乏透明度也令我们震惊。TPSA 没有向少数股东提供该交易的理由，我们计算过，在其他条件相同的情况下，这种交易将使 TPSA 的利润减少约 12%。

这一事件还引发了人们对 TPSA 管理层承诺以净利润形式为所有股东创造价值的质疑。显而易见的是，高管薪酬并没有体现出与 TPSA 股价的任何关联关系。我们认为股票期权计划是使管理层和投资者利益保持一致的重要保证机制。

同样令人担忧的是，波兰证券交易委员会是否可以因 Centertel 未上市就对整个事件撒手不管。TPSA 持有 Centertel 66% 的股份，并合并了财务报表。因此，Centertel 应被视为 TPSA 不可分割的一部分，证券交易委员应认识到更名和品牌许可交易对少数股东不公平，因此这是一个应予调查的案件。

当时的法国电信应该更清楚。如果要继续吸引外部投资者帮助其境外子公司进行融资，必须努力建立起公平对待所有子公司的声誉。TPSA 的少数股东未参与法国电信购买 TPSA 股票的定价投票，在未经过任何咨询、程序和解释的情况下，也不应该被迫在事后接受该定价。

同理，如果政府希望继续吸引外部投资者为政府支出融资，就必须按期支付利息并保证到期还款。

阿根廷的违约

当阿根廷在 2002 年因主权债务危机震惊世界时，由艾略特管理公司管理的 NML 资本公司持有名义价值高达 6.3 亿美元的阿根廷债券。

大部分债权人舔了舔伤口，有些不情愿地宣布愿意接受阿根廷政府提出的价值 30 美分的 240 亿美元债务重组。NML 资本公司和其他一些债权人拒绝了这一提议，认为重组计划完全不合适，并把阿根廷政府告上了法庭。

这场"战斗"中，阿根廷政府似乎掌握着所有的牌。但是顽固分子的头目艾略特管理公司坚持不懈、毫不留情，在美国和英国法院起诉阿根廷政府并索要债务的全部价值。英国高等法院裁定艾略特管理公司败诉，理由是阿根廷享有国家豁免权，但艾略特管理公司向英国最高法院的上诉胜诉了，法院裁定艾略特管理公司有权扣押阿根廷在英国的财产。

2012 年 10 月 2 日，艾略特管理公司获得加纳法院的授权，扣押一艘阿根廷海军的全帆训练船利伯塔德（Libertad）号，当时训练船停泊在加纳港口。艾略特管理公司说，它将扣留这艘世界上最快、最大的高桅横帆船之一的利伯塔德号，直到法院判决的 16 亿美元债务获得清偿。当国际法庭根据国际海洋法判定扣押船只非法时，阿根廷政府拒绝偿还债务，并使船只获释。

2012 年 11 月，纽约一家法院裁定 NML 资本公司胜诉，这一审判也被法律专家视为"主权债务的世纪审判"。这导致阿根廷在 2013 年 3 月提出了一项新的重组计划，但这一计划首先被下级法院驳回，然后被美国上诉法院驳回。为获取更多的阿根廷资产，NML 资本公司在 2014 年 3 月起诉埃隆·马斯克（Elon Musk）的 SpaceX 公司，要求获得价值 1.13 亿美元的两项阿根廷的卫星发射合同。该诉讼最终在 2015 年被加州法院驳回，但当时阿根廷已经在美国最高法院上诉中败诉，已经走投无路了。

2016 年 2 月，阿根廷政府妥协，并向 NML 资本公司和其他抵制者提出了新的报价，价值相当于 75 美分。该提议被接受——积极活动家得 1 分，阿根廷得 0 分。一个主权国家接受了法院的判决并为重返国际信贷市场付出了代价。

缺乏透明度

在 21 世纪初，我们投资了一家以色列制药集团，该集团的生产设备位于低成本国家，同时成熟市场对其产品需求强劲。我们准备长期持有。

结果迟迟没有出来，我们有些不安，就给公司写信询问原因，但没有收到回复。接下来我们听到消息，该公司的首席财务官和一名高管被解雇了，但没有给出任何解释。此后不久，该公司被纳斯达克摘牌，因为它没有提交上一年的年度报告。这是一个严重打击，因为不上市的话，股票市场的空间就会很小且很低效。然而我们坚持了下来，因为该公司看起来有良好的增长前景、强大的产品和创新的经验。

几个月后，股票仍未上市。一家印度公司对该公司股票提出了要约收购，董事会也给予了推荐。报价定得很低，在我们看来简直是甩卖价格。许多投资者担心情况继续恶化，还是选择了卖出。这家印度公司最终获得了控制权，拥有近一半的股份和近 2/3 的投票权。该公司表示目前的董事会成员正在辞职，印度公司提名的人将取而代之成为董事。

我们强烈反对要约收购的提议和另一项增加离职董事的专业赔偿范围的提议。我们敦促股东拒绝大股东提出的赔偿方案，并要求提供审计后的财务报表。我们提出的事实证明了现有董事会不能或不愿意为股东的利益经营公司，他们不应获得支持。

另一个令人担忧的问题是，以色列制药集团的审计师没有出席批准合并的会议，到此为止，管理层已经花费了4 000余万美元的专业咨询费进行审计。

因此，我们和其他投资者拒绝了这一提议，并开始了为期两年的法律活动，要求向少数股东全面披露公司的财务状况。法院判我们胜诉。在公司披露财务报表后，要约收购的报价被撤回，最终我们接受了相当于原价格两倍的新报价。

卡洛斯是参与最多的主力。"我负责整个事情，"他谈道，"定期进出特拉维夫，与律师进行无休无止的会面。"最后，公司的一名高管把他拉到一边。"卡洛斯，"他低声说道，"现在一切都结束了，让我告诉你1 000种制药公司从股东那里偷钱的方法。"

我们从未搞清楚这个公司到底发生了什么，但对我们来说，为少数股东利益而战是非常值得的。

激进的一代

不久前，作为消费者、员工和储户的普通人，就像18世纪亚当·斯密所描述的投资者一样。他们"很少自诩了解公司的所有业务"，而是心满意足地接受他们购买的商品和服务以及他们所挣的工资。工会过去很令人头疼，但到了20世纪80年代，在大多数西方经济体中，工会似乎已经失去了作用。

今天，公司四周都是各种各样的积极主义者，如果在ESG方面的行为不符合基本标准，积极主义者就会拒绝购买其产品或为其工作。千禧一代，还有之后的Z世代（生于20世纪90年代中期）都有一份ESG清单，忽视它的公司会倒霉。事实上，当千禧一代发声时，似乎连最强硬的企业家都会颤抖。

可口可乐在 2018 年 1 月承诺，到 2030 年回收其所有包装，并非是它对企业责任攻击的回应，而是认为如果继续对其每年使用的约1 200亿个塑料瓶的最终命运采取傲慢的态度，将对公司的商业发展和股价产生不利影响（5.7）。

这是一个营销决定，源于所谓千禧一代已经对消费品公司不利于环保的包装政策失去了耐心。可口可乐宣布这一消息的时点可能与当时正在上映的《蓝色星球 2》（Blue Planet 2）有关，该片是大卫·爱登堡（David Attenborough）的新作。这位世界著名的英国博物学家和制片人通过此片揭示了塑料垃圾对海洋生物的影响。

麦当劳还提出了一项新年计划：到 2025 年所有的包装都要使用可再生或可回收材料。麦当劳表示，对客户来说包装是最为重要的环境问题。目前全世界只有 10% 的麦当劳餐厅提供回收服务，麦当劳计划2025 年将这一数字提升到 100% 。英国冷冻食品零售商 Iceland 加入了这场 2018 年新年的"合唱"，称污染是灾难，并承诺到 2023 年年底自有品牌产品将停止使用塑料包装。达能集团的矿泉水品牌依云承诺在2025 年之前，所有包装都使用可回收塑料。

可口可乐公司首席执行官詹鲲杰（James Quincey）承诺，到 2030年，包装瓶平均将使用 50% 的可回收材料制造。他表示，这个新目标是 2018 年达沃斯经济论坛前宣布的，是该集团商业模式中不可或缺的一部分。"全世界的消费者都关心我们的星球，"他告诉《金融时报》，"他们希望并期待企业采取行动。"他倡导其他公司在包装上做出类似承诺。许多公司都已经这样做了。

自 2010 年以来，联合利华的目标是将其销售额翻一番，同时将其环境影响减半。2017 年又设定了另一个目标，即到 2025 年，其所使用的所有塑料都实现可回收或再利用。2018 年，联合利华最强的竞争对手宝洁公司承诺，到2020年将确保90%的包装是可回收的，并提供折扣和优惠券来鼓励人们的回收行为，并支持对回收设施的投资。另外两大消费品集团雀巢和达能，在2017年合作开发了一种由锯末和纸板制造的绿色塑料瓶。

2018年4月，40多家英国公司签署了《英国塑料协定》，承诺在2025年前将不必要的塑料包装下架。加入协定的公司包括连锁超市塞恩斯伯里（Sainsbury's）、乐购（TESCO）、维特罗斯（Waitrose）、马克斯（Marks）、斯潘塞（Spencer）和莫里森斯（Morrisons）、家庭快递公司奥卡多（Ocado）以及消费品集团联合利华英国公司和宝洁英国公司。这些公司总共覆盖了英国超市货架上80%的塑料包装（5.8）。

政治家和政府在环境问题上有投票权，因此也都乐于参与其中。2018年1月，时任英国首相特雷莎·梅宣布到2042年消除非必要塑料垃圾的目标（3个月后英国宣布了雄心勃勃的《英国塑料协定》之后，这看起来成了一个相对温和的目标）。欧盟承诺，到2030年，在其境内销售的所有物品的塑料包装都将是可回收的。

有些人质疑将环境焦虑归因于特定一代人的合理性，并认为千禧一代的观点其实反映的是时代精神。诚然，许多比千禧一代年长和年轻的人也看了《蓝色星球2》，并被其感动。也许确实如此。但是，千禧一代是这种时代精神中最重要和最主要的推动者。他们也是一个巨大的、针对多种问题的压力集团，用自己的选择来施加压力，同时使自己的行为符合自身的观点和信仰。

从投资者的角度来看，这个大型的由千禧一代构成的压力集团的存在有三个重要的意义。第一，提供相关商品和服务的公司，如太阳能电池板和塑料瓶自动回收机的公司，将会有非常好的发展。第二，在其他条件相同的情况下，对千禧一代在多个议题上的压力能够做出更好回应的公司，应该是一个更好的投资选择，因为它会吸引更多的客户和员工。第三，要找到更受千禧一代青睐的企业，投资者需要衡量和评估每个企业对这种压力的反应能力。

如果可以把目标归因于一代人，虽然这一点有争议，我们仍然可以说千禧一代对他们选择为之工作、消费和投资的公司施加了如下压力。

第一，对环境和社会更加负责，更加诚实、坦率、公平和公开。

第二，认真履行在这些领域的承诺。

第三，以合理的成本做这些事情，这样千禧一代就不必为此付出太大的代价。

第四，做有利于世界的事。

言行和证据

在选择消费、工作或投资的对象公司时，甚至选择给哪个政党投票时，千禧一代不会只看其表面做出的 ESG 承诺，更会关注践行这些承诺所采取的行动的证据，正如 ESG 投资者需要看到公司的治理原则已体现在高管行为中的证据（见第七章）。

第六章

投资谱系

纯粹的利他主义是不存在的。每一项无论是捐赠、租借或是投资，都会希望在某种程度上得到回报。一个慈善机构的捐赠者，如个人、政府、非政府组织或者是私人机构，都会得到一种心理上的回馈（一种在做了善事之后的感觉，甚至是在匿名的情况下）或者是声誉上的回馈（做的善事得到了见证），或是两者都有。

慈善机构和非营利组织都是有目的的组织，它们辨识能唤起同情的需求，并通过满足捐赠者的需求来为他们提供回报。它们在新兴市场中发挥着重要作用，帮助提供基本必需品，如清洁水、医疗保健、学校、住房、能源、道路和其他基础设施。它们给捐赠者的回报是心理上的，包括慈善机构的善行为受益者带来的正面情感。

活跃在新兴市场的慈善机构和非营利组织可以通过帮助满足基本需求，去为其他寻求更多物质回报的投资者打下基础。

资本谱系

2012 年，Bridges 基金管理公司出版了《资本谱系》（*The Bridges*

Spectrum of Capital）。这是一个由罗纳德·科恩爵士（Sir Ronald Cohen）创立的组织，他是社会影响力投资领域的领军人物。该书将投资者分为 6 种，从"慈善事业"（仅限于影响力）到"传统"（只追求经济利益）。中间是另外 4 种类型的新兴市场投资者。这些形成了所谓的"新范式"。

1. **慈善事业类**：仅限于影响力。
2. **影响力优先类**：影响力优先，并伴随一定财务回报。
3. **主题类**：需求创造获得市场利率或优于市场利率回报的机会。
4. **可持续类**：通过积极投资选择和股东倡导创造 ESG 机会。
5. **负责任类**：ESG 风险管理，包括从考虑 ESG 因素到负面筛选。
6. **传统类**：只追求经济利益。

这些类型指的是不同投资者的不同动机和目标。它们不应与 GSIA 确定的 ESG 或可持续投资的 7 种通用方法相混淆，如下。

1. **负面/排斥性筛选**：根据 ESG 标准从投资组合或基金中排除某些行业、公司或商业。
2. **正面/最佳类别筛选**：根据 ESG 表现，在投资组合或基金中纳入比同行业竞争者更优秀的领域、公司或项目。
3. **基于规范的筛选**：要求投资标的符合国际通行的最低标准企业行为准则。
4. **ESG 整合**：投资顾问在财务分析中系统地、具体地纳入 ESG 因素。
5. **可持续投资**：投资于促进可持续性的公司，如清洁能源、绿色技术和可持续农业。

6. **影响力/社区投资**：在私营（非公开）市场，有针对性地开展旨在解决社会或环境问题的投资，包括社区投资，资本投向传统金融服务难以覆盖的个人或社区，以及具有明确的服务于社会或环境宗旨的企业。

7. **企业参与或股东行动**：利用股东权利，通过与高级管理层和/或董事会交谈、提交或共同提交提案，以及以 ESG 原则为指导的委托投票来影响公司行为。

这两个清单有一些重叠，使用一种方法有助于定义一个特定的投资者的目标或动机。例如，我们在 Bridges 谱系上的定位是"可持续"的投资者，其特征之一便是"企业参与"。

让我们看看投资者的这种"新范式"，从"影响力优先"开始。

影响力优先

投资领域的新玩家是影响力投资。这是 GSIA 规定的 ESG 投资中的第六类。这是一个新事物，但并不代表以前没有出现过，只是近期才被命名。这个词是 2007 年在位于意大利北部科莫湖（Lake Como）畔的贝拉吉奥（Bellagio）中心举办的洛克菲勒基金会（Rockefeller Foundation）上被提出的，它被用来描述寻求可衡量的社会和环境效益以及财务回报。

阿米特·布里（Amit Bouri）是全球影响力投资网络（The Global Impact Investment Network，GIIN）的首席执行官，也是一位不知疲倦的影响力投资布道者，最近影响力细分市场的快速增长要归功于这个新

的命名，他说："［命名］把一些非常令人激动但同时分散的力量在同一个市场连接起来。"（6.1）

影响力投资者的动机是在不把底裤赔掉的情况下，让事情变得更好。在 Bridges 谱系中，投资者不寻求财务回报或偿还任何本金的慈善行为被称为"仅限于影响力"。我们大多数人对"影响力投资"这一术语的理解是 Bridges 谱系中的"影响力优先"类别，在这一类别中，除了影响力回报外，还望获得一些经济上的回报。根据英国影响力投资顾问委员会的说法，影响力优先包括："支持那些将部分或全部财务盈余用于再投资的社会商业模式"。

最近，各种基金和基金会对影响力投资的承诺大多属于影响力优先类别。

2017 年 12 月，价值 120 亿美元的福特基金会（Ford Foundation）宣布，已从摩根士丹利聘请罗伊·斯旺（Roy Swan）管理其 10 亿美元的以"使命"或"影响力"为目的的投资基金。斯旺的任务是创造社会和市场回报，以反映福特基金会的受托人信念，即现代慈善事业不只是捐赠。正如福特基金会总裁达伦·沃克（Darren Walker）在《金融时报》一次会议上所说："重要的不是你捐出了 5% 的资产，而是你用剩下的 95% 做了什么更为重要。"（6.2）

洛克菲勒基金会、比尔和梅琳达·盖茨基金会（Bill & Melinda Gates Foundation）等其他慈善机构也承诺向新的影响力投资领域提供资金。在 2017 年世界经济论坛上，瑞银集团（UBS）承诺"在未来 5 年内将从我们客户的投资中拨出 50 亿美元用于可持续发展或影响力投资"。瑞银集团参照了联合国制定的 17 项可持续发展目标（SDG）甄别可持续发展投资，这些目标旨在到 2030 年年底实现终结贫困、保护地球和共同繁荣（请参见表 6.1）。

影响力投资与 2015 年联合国峰会上达成的可持续发展目标有关。

联合国可持续发展目标在新兴市场影响力投资中发挥了特别重要的作用，因为影响力投资者可借助这些目标确定需要影响力的领域。

表 6.1　联合国可持续发展目标

联合国可持续发展目标	
目标 1	消除贫困
目标 2	零饥饿
目标 3	健康与幸福
目标 4	高质量教育
目标 5	性别平等
目标 6	清洁用水和卫生设施
目标 7	可负担的、清洁的能源
目标 8	体面的工作和经济增长
目标 9	工业、创新和基础设施
目标 10	减少不平等
目标 11	可持续发展的城市和社区
目标 12	负责任的消费和生产
目标 13	气候行动
目标 14	水中生命
目标 15	陆地生命
目标 16	和平、公正和强大的制度
目标 17	为目标建立伙伴关系

资料来源：联合国。

由投资咨询公司 Phenix 资本（Phenix Capital）组织的欧洲影响峰会（Impact Summit Europe）是关于影响力投资的年度投资者会议，此次会议的重点是联合国可持续发展目标。Phenix 资本的报告称，其目标是帮助《联合国责任投资原则》的大型签署国"将不超过 5% 的资产用于影响力投资"，从而"在未来 10 年直接为联合国的可持续发展目标提供 8 000 亿美元"（6.3）。

GIIN 于 2017 年发布了最新一期双年报告，预测大约 1 140 亿美元已被用于影响力投资。GSIA 表示，影响力投资是增长最快的可持续投资策略。但是，很难精确测量这些数据，因为一些所谓的影响力投资或使命投资不过是负面筛选的结果，也就是排除投资组合中不符合ESG 标准和"罪恶"的股票（如烟草、酒精、武器等）。可以公平地说，尽管影响力投资在专业资产管理中只占几个百分点，但是它确实在一个高增长的轨道上。

由开普敦大学商学院伯莎（Bertha）社会创新和创业中心维护的《非洲影响力投资指南》，研究涵盖了 GSIA 的 ESG 整合、企业参与、正面、负面和基于规则的筛选方法，并集中关注撒哈拉以南非洲最大的三个经济体：南非、尼日利亚和肯尼亚。在南非和肯尼亚，ESG 整合和企业参与是比较普遍的形式，公司治理是投资决策中最重要的ESG 因素。与肯尼亚和尼日利亚相比，南非的基金管理人对 ESG 整合和企业参与的策略抱有更加开放的态度，可能是因为南非最大的资产管理公司签署了《联合国责任投资原则》。在这三个国家，负面筛选是最主要的筛选形式，私募股权和风险基金都遵循国际金融公司的标准，特别是在筛选"罪恶的"股票方面（6.4）。

除了定义上的问题外，影响力投资还存在绩效评估的问题。举例来说，如果一只影响力基金选择以难以衡量的社会回报而非财务回报为目标，通常很难说它表现不佳。

例如，福特基金会最初的影响力投资之一是在美国底特律和纽瓦克开发可负担的房屋。该项目例证了在影响力投资中 ESG 和财务回报之间的内在张力：这两种回报显然取决于房屋的可负担性——ESG 回报越高，财务回报越低。

然而，如果要在社会回报和财务回报之间取得平衡，回报中的财务部分是影响力投资的必要条件或决定性特征。2018 年 4 月，一位著名的影响力投资游说家、瑞典教授来见我们。为了让我们的新公司摆脱影响力投资的形象，我们解释说我们严格以利润为导向。我们的客户十分不满。"别再这么说了，"她辩解道，"影响力投资总是以利润为导向的。"

慈善事业（仅限于影响力）和 Bridges 的"影响力优先"理念之间的关键区别在于，前者关注的是需求，后者关注的是解决这些需求的方式。对后者来说，财务回报是至关重要的，如果没有它，企业的经营就无法持续。对新兴市场国家而言，影响力投资的价值在于有助于它们减少对"陌生人善意"的依赖。

作为新一代专注于影响力的投资者之一，Acumen 基金的创始人兼首席执行官杰奎琳·诺沃格拉茨（Jacqueline Novogratz）谈到了"耐心资本"（即长期资本），这与赠予不同。作为美国大通曼哈顿银行（Chase Manhattan Bank）的前国际信贷分析师，她非常清楚评估的问题。她和她的同事们投入了相当可观的精力来开发她们的"精益数据"系统。

Acumen 基金支持多个行业，包括农业、水和卫生、教育、保健、住房和能源。它投资于那些能够解决当地需求的好企业，因为它相信，尽管它比直接满足需求的方式见效慢，但它更具有成本优势和可持续性，并能够永远地改变整个系统（6.5）。

在 Acumen 基金的《能源影响力报告》的前言中，诺沃格拉茨邀请读者"想象一下没有电的生活"，现在每七个人中就有一个人过着这样的生活，这意味着，"把你收入的 10% 花在煤油上……每天吸入的烟雾相当于抽两包烟……做每顿饭都要花好几个小时寻找柴火"。

诺沃格拉茨认为，近年来部分太阳能电池板价格下降了 80%，"仍然有 6 亿人生活在没有电的环境中"的非洲，有机会"通过可负担的太阳能发电来解决能源问题，并直接跳过使用电网的阶段"。

她认为，Acumen 基金将在一个持续发展的领域占据一席之地，并将其视为日后可能会吸引"更广泛的投资"的公司的孵化器。在 Bridges 谱系中，Acumen 基金被列为"影响力优先"类，因为影响力优先于财务回报。这是大多数人对"影响力投资"这个词的理解。关于这种投资，还有两点需要说明：第一，由于影响力是一种产出，因此此类投资的成功不能用投入来评估，但正如前文提到的，这些领域的产出很难评估（见第七章）。例如，评估建造一所学校的成本很容易，但评估它对教育标准的影响很难。第二，部分由于评估上的挑战，部分由于创新型初创企业和中小型企业在实现可持续发展目标过程中发挥着关键作用，公开市场的影响力投资仍处于起步阶段。

在讨论其他 Bridges 谱系的投资分类之前，让我们先考虑一种特殊的投资，它从一个角度看像"慈善事业"，但从另一个角度看更像"影响力优先"。

公益性服务

奥美广告公司（Ogilvy & Mother Advertising Agency）的创始人大卫·奥格威（David Ogilvy）每天早上都习惯穿过中央公园步行到他位于麦迪逊大道的办公室。每天，他都会经过一个脖子上挂着牌子的乞丐，牌子上写着"盲人"。奥格威不赞成给乞丐钱，但在一个晴朗的 4 月早晨，他的良心刺痛了他。他从乞丐的脖子上摘下牌子，用签字笔修改了一下，写着"春天来了，而我是个盲人"，然后把它挂了回去。传说到中午的时候，乞丐的杯子已经装满了钱。

对贫困社区来说，有才华、技能和经验的人向社区居民提供时间，与向他们提供金钱同等重要，这自然而然地导致企业社会责任项目的"志愿服务"元素被引入与 ESG 相关的影响力投资中来。商业服务公司安永（前安永会计师事务所）为其员工提供时间，帮助世界各地企业开展计划、执行和一般性商业拓展，安永将其称为"影响力创业"。安永会根据是否对联合国的可持续发展目标有切实贡献来判断是否为企业提供帮助。

在其 2017 年出版的《影响力创业年鉴》一书中，安永列举了 2017 年一系列影响力创业的案例。AccuHealth 是智利的一家远程医疗服务公司，它帮助患者更容易地获得诊疗建议和居家调理慢性病。安永的员工帮助该公司打入墨西哥和哥伦比亚市场，实现了该公司 2020 年服务 100 万客户的初步目标。而这个企业被认为对第三、第八、第十七个联合国可持续发展目标做出了贡献。

Talian 是一家由家庭经营的非洲农业企业，专门生产玉米和木薯粉。该公司接受了非洲农业发展公司（Africa Agriculture Development Company）的投资，后者在财务和运营控制方面获得了英国国际发展部和安永的支持。Talian 目标是在 5 年内把业务规模增至目前的 6 倍。安永表示，这项业务创造了数百个技术岗位，将成千上万的小规模农户与出口和优质市场连接起来，为联合国的第一、第二、第八和第十七项可持续发展目标做出了贡献。

Husk 电力系统为农村社区提供可再生能源。安永计划在未来几年在印度和坦桑尼亚增加 300 个小型电网，为 6.5 万个家庭和小企业提供服务。安永已经帮助该公司设计了组织架构和信息系统，以适应公司增长计划。这项业务被认为对联合国可持续发展的第一、第七和第八个可持续发展目标做出了贡献。

M-KOPA 能源公司和 Husk 电力公司相似，但是它使用不同的能源。它已经让东非 50 多万家庭用上了太阳能。在安永的帮助下，该公司简化了运营流程并降低了客户支持成本。它的目标是到 2025 年将服务范围扩大到肯尼亚 500 万未并网家庭中的 300 万户，从而帮助他们节省大量燃料成本。它的工作涉及联合国的第一、第七和第八个可持续发展目标。

这里所谓的影响力就是，在安永的专业人员的帮助下，企业的绩效得到提高。但对安永来说，还有其他一些回报具有财务价值，比如员工的个人发展、社会关系和声誉收益。此外，我们也很容易看到安永的项目如何与更传统的影响力优先投资有效地结合起来，从而使它们对"更广泛的投资者"具有更多的吸引力。

从影响力到 ESG

Bridges 谱系中的第三种是"主题类"：投资者选择几个与可持续发展目标相关的项目，如清洁能源、医疗保健和小额信贷，并对在这些领域产生影响的公司进行投资，其目的是赚取市场利率或得到优于市场利率的回报。Bridges 将"主题类"归为投资谱系的高影响力部分，因为就像"仅限于影响力"和"影响力优先"一样，它是基于可持续发展目标来选择标的的。

在"主题类"之后是"可持续类"。在这一类，ESG 取代了与可持续发展目标相关的"影响因素"并成为选择股票的基础。可持续战略通过投资选择、投资组合管理和股东倡导寻求可持续发展机会。我们就在 Bridges 谱系的这一部分（见下文）。"可持续类"与下一个类别"负责任类"有所不同，因为它是积极的。"负责任类"更关注

ESG 风险而不是其机遇，这是一种通过采用 ESG 负面筛选作为其主要选择方法的被动策略。

Bridges 谱系以"传统类"投资结束，这种投资完全注重财务回报，对 ESG 最多不过是点一下头罢了。

传统影响力

Bridges 资本谱系在辨别新兴市场投资者的不同动机时是一个非常有用的框架。但是也应该指出，并非所有有潜力对新兴市场产生实质性贡献的公司都应该采用 Bridges 的慈善事业、影响力优先和主题类等高影响力战略。这是因为，与慈善家一样，影响力优先和主题类投资者资源有限，应该更多关注其他类型投资者无法满足的需求。

换句话说，影响力投资理念中有一个矛盾。影响力投资者需要财务回报，但是应该避开那些能够提供市场利率或更高回报的高影响力商业模式，因为它们从更为传统的投资者那里获得资本毫无难度。影响力基金应该留给那些无法吸引传统投资者资金的公司和项目。但是，新兴市场中的投资并不完全是这样，因为新兴市场的市场机制不完全有效，特别是针对初创和中小企业的资本市场尤为低效。

不过，由于新兴市场的需求比成熟市场更迫切，因此更有可能产生与可持续发展目标有关的影响力回报。快速增长的新兴市场还将涌现对传统投资者具有吸引力的上市投资机会，此类投资获取的 ESG 和可持续发展目标的收益只是附加收益。尽管如此，收益仍是可观的。

小额信贷

我们投资了一家在博茨瓦纳证券交易所上市的小额信贷控股公司。该公司通过在非洲 10 个国家的分支机构，向 30 多万客户提供 10 ~ 100 美元的短期至中期无担保贷款，这些客户大多数是女性。

该公司帮助生活在偏远乡村的人们开展商业活动，例如销售 SIM 卡、烹饪设备或新鲜农产品，它促进了公司的设立，从而创造了更多的就业机会，并帮助妇女实现经济独立。拥有超过 2 300 名员工的集团本身也是一个大雇主，它展示了新兴市场通过"蛙跳式发展"的潜力。它使用手机和定制的应用程序来管理客户账户，而这些客户往往是缺乏或者很难获得传统银行账户的。

这是一个非常成功的案例。该公司通过收购，实现自身业务迅速发展。它是赢利的，因此是可持续的，在其运营的地区，尽管基数较低，但当地企业增长强劲。换句话说，它给客户带来了实实在在的社会效益，同时也给投资者带来了财务回报。

M-Pesa

另一个与小额信贷有关的"蛙跳式发展"的例子是 M-Pesa（M 表示移动电话，Pesa 在斯瓦希里语中表示金钱）。沃达丰（Vodafone）2007 年为其合作伙伴萨法利通信公司（Safaricom）和沃达康公司（Vodacom）（分别是肯尼亚和坦桑尼亚市场领先的网络运营商）推出了这项基于手机的招聘、融资和小微融资服务。

这个系统很简单。顾客把钱拿到拥有 M-Pesa 认证的商店，交给注册的代理商，代理商用沃达丰的代码生成器生成代码，它们可以把这些代码交给客户来换取现金。顾客用短信把代码发给任何想要的人，接收者就拿着密码到当地的 M-Pesa 商店，用它兑换指定的现金。用户汇款和取款只会收取少量费用。

在第一年（2008 年）结束时，M-Pesa 拥有 120 万客户，并且还处于迅速增长阶段。10 年之后，它拥有超过 287 400 个代理网点，为近 3 000 万客户提供服务。2016 年，该服务处理了 60 亿笔交易，峰值交易量为每秒 529 笔。

多么优雅的系统！它之所以成功，是因为它考虑到了非洲基础设施不足和监管缺失的问题。在成熟的市场中，监管缺失会使向公众提供此类服务变得非常困难。尽管这一体系诞生于非洲，并由非洲人民发展起来，但它具有适合所有新兴市场的特点。沃达丰通过当地的合作伙伴，为包括阿尔巴尼亚、印度和罗马尼亚在内的 10 个国家提供这项服务。

M-Pesa 的起源

科幻小说家威廉·吉布森（William Gibson）关于"社区找到了技术的独特用法"的说法在 2002 年被英国技术转让公司 Gamos 和联邦电信组织（Commonwealth Telecommunications Organisation）的研究完美地证实了。

在一项由英国国际发展部资助的研究中，在撒哈拉以南非洲地区，研究人员发现手机通话时间通常被当作"私人货币"使用。人们把他们的通话时间转账给朋友和亲戚，然后他们使用或转售这些"私人货币"。

> Gamos 的研究人员找到了莫桑比克的第一家移动运营商 Mecl，并提出了一个想法。在 2004 年，Mecl 推出了第一个官方的通话时间信用易货交换产品。
>
> 非洲委员会讨论了这个想法，英国国际发展部将研究人员介绍给了英国运营商沃达丰，而后者一直在考虑如何通过手机支持小额信贷和银行服务。Gamos 和沃达丰讨论了如何在肯尼亚创建一个基于手机的货币转账系统。肯尼亚莫伊大学（Moi University）的一名学生开发了一款允许手机用户用手机发送、接收和取款的应用程序。沃达丰在肯尼亚的合作伙伴萨法利通信公司从该名学生手中购买了应用程序的使用权，并于 2007 年 4 月推出了 M-Pesa。

这项服务收益颇丰，也做了一件好事。2016 年 12 月，麻省理工学院的经济学家塔夫尼特·苏里（Tavneet Suri）和乔治城大学的经济学家威廉·杰克（William Jack）在《科学》杂志上发表了一篇关于 M-Pesa 对肯尼亚影响的论文（6.6）。他们的研究得到了比尔和梅琳达·盖茨基金会的部分资助，研究发现，自 2008 年以来，M-Pesa 服务在肯尼亚的普及增加了人均消费，并使大约 19.4 万肯尼亚家庭摆脱了"极端贫困"（每天生活费不足 1.25 美元）。女性主导家庭的消费增长要比男性主导家庭的消费增长大得多。据估计，移动钱包服务已经帮助大约 185 000 名肯尼亚妇女从农业转向商业。

通过允许用户使用手机进行存款、取款或转账以及为商品和服务付款，M-Pesa 削弱了传统金融服务交付系统的必要性，并允许新兴市场跳过基于分支机构的银行发展阶段。更重要的是，因为信用不好、贫穷，或者是不知道如何或不敢去传统银行而被排除在传统银行系统之外的数百万人，现在可以获取更为便宜的融资服务。

对于分别拥有萨法利通信公司和沃达康公司25%和21%股份的外部投资者而言，M-Pesa在ESG的社会成分中具有强大的影响力。通过提升业务所在国家/地区的创业和商业活动的活跃度，我们的小额信贷公司和M-Pesa正在创造对传统投资者有吸引力的投资机会。实际上，上述业务的活跃促使其所在的新兴市场得到了重新评估。

它们具有另一个独特的功能——既获得强大的财务回报，又获得可观的心理收益。财务回报也助长了心理收益。它们使机构可以自给自足，因此具有"可持续性"，这使它们成为ESG时代的投资典范。

我们在资本谱系上的位置

如前所述，我们认为自己处于Bridges谱系上的"可持续类"。我们通过积极的投资选择策略来寻找ESG机会。我们积极管理我们的投资组合，并与我们所投资的公司的管理机构和董事会建立关系。如果发生争议，我们行使权利，作为中小股东向董事会提出挑战，如果有必要，我们质疑一切损害全部股东利益的行为。只要有可能，我们都将与其他少数股东建立起共同的目标。

与安永的影响力创业相似，我们的角色中经常包含教育引导的成分。我们不是无偿提供有关管理和技术知识的"志愿者"。但是，通过让被投资公司了解我们对治理问题的看法，我们正在教会它们如何融入世界经济并吸引外资。当然，我们与安永的计划不同，我们寻求财务和ESG的双重回报。

还要注意的另一点是，我们和其他"可持续"（在Bridges谱系意义上）的投资者是全球流动资金池的守门人和接入点，这个资金池一直在寻求更高的财务回报和越来越多的 ESG 回报。

我们是广大投资者的步兵。我们总是可以面对面地看到我们投资的公司，不像 ESG 标签那样抽象，而是真实的公司，每个公司都有自己的风格、颜色、声音、气味和生存环境。规模较大的基金不会在新兴市场进行选股，为了使投资组合符合受益者的态度，它们打包购买符合 ESG 标准的资产，支持积极的 ESG 投资者并跟踪 ESG 指数。

为了反映全球资产所有者对 ESG 日益增长的兴趣——如第一章所述，2016 年，根据 GSIA 的数据，全球所有管理的资产中约有 26%（23 万亿美元）以单一或多种方式进行了 ESG 筛选。ESG 技术已经从对所谓"罪恶"的股票的简单负面筛选，发展成为一套更为复杂的以数据为导向的工具和分析手段。正面筛选已变得越来越流行。"减少碳足迹"的承诺（日本政府庞大的 1.3 万亿美元养老基金对此很感兴趣），如今已司空见惯，ESG 因素在基本面分析中的全面整合已变得越来越普遍。

随之而来的是要求更加透明和准确的 ESG 报告，而对报告和披露要求不那么严格的新兴市场公司通常很难达到。反过来，这又导致一种观念，即总体上，新兴市场公司不像发达市场同行那样符合 ESG 标准。

荷兰养老金管理公司 APG 资产管理公司的新兴市场投资组合经理埃贡·瓦莱克（Egon Varek）表示，这对新兴市场公司来说是不公平的。2017 年 7 月，他在《金融时报》上写道："如果我们比较同一行业、同一规模的公司（小盘股数据质量仍然有些不符合标准），我们并不会发现新兴市场公司的分数整体低于发达市场公司。"（6.7）

他在一些新兴市场看到了改善的迹象，"监管机构、（股票）交易所和公司已经联合起来建立了非常先进的报告标准"。他提到 2010 年在南非推出的约翰内斯堡证券交易所综合报告标准。"随着公司满足了这些标准要求，它们的信息披露质量提高了……它们在可持续发展供应商数据库中的排名和得分也提高了"。瓦莱克表示，这些改善大部分来自数据质量和信息披露质量的提升，而不是以公司遵守 ESG 标准的方式得到改善。

据瓦莱克说，问题在于太多的大型基金不愿意投资于收集新兴市场原始数据的项目，而是倾向于依靠简单的、"容易理解的"评分系统来判断可持续性。

当日本政府养老基金宣布决定将投资重点更多地放在低碳产出的行业时，它遗憾地发现，大多数环境股票指数的编制只是剔除了一些行业，而不是囊括积极为可持续环境做出贡献的"绿色"公司。基金经理希望得到"全球环境股票指数"的建议（6.8）。

我们将在第七章中更详细地了解 ESG 评估和新兴市场指数。目前，值得注意的是，尽管有迹象表明新兴市场在数据采集和分析方面有所进步，一个更深层次的趋势是，越来越多的投资基金对新兴市场公司来说变得更加可望而不可即：由于缺少数据和足够的证据准确地反映企业所处的真实层级，新兴市场公司很难获得被动管理的股票和债券基金的青睐，而后者规模庞大且迅速增长。

被动管理的指数基金占据了近一半的市场份额，毫无疑问是因为它们更便宜。它们不用花太多的钱在研究和分析上，因此可以收取更低的管理费用。但在寻求低成本的过程中，它们实际上是在放弃投资者治理的角色。

大型被动基金管理公司持续面临压力。比如，2018 年 2 月，佛罗里达州帕克兰市（Parkland）马乔里·斯通曼·道格拉斯（Marjory Stoneman Douglas）高中 17 名学生被枪杀之后，他们并没有减持枪支制造商股票。几家大型被动基金表示，它们希望能够更加迅速地反应，但它们并没有这样的手段。它们的商业模式是基于规模效应，而不是它们和"代理顾问"（如 ISS 和格拉斯·刘易斯公司这类的投票咨询公司，股东将监督的职责移交给了它们）如何有效地履行治理职责。

这对所有市场都是一个问题，但对新兴市场尤其如此。在新兴市场，需要敏锐且积极的投资者推动并督促企业改善其 ESG 业绩。

正如我们在第一章中所提到的，由跟踪 ESG 指数被动管理的 ETF 提供的 ESG 筛查，总比什么都不做好得多。然而，它不足以更加精细地比较 ESG 机会之间的好坏，因为现有的 ESG 指数缺乏原始数据，并由此导致缺乏足够的鉴别力。

新兴市场的 ESG 指数将获得改善，但在此之前，暂时没有积极投资的替代品。

公司 "殖民主义"

有别于 Bridges 谱系，新兴市场的另一类投资者是跨国公司，它们在当地投资、创办联营公司或子公司。M-Pesa 的先驱，肯尼亚顶尖的萨法利通信公司以及邻国坦桑尼亚的沃达康公司就是这种公司"殖民主义"的好例子。这两家公司都是英国全球移动电话运营商沃达丰的合伙人。

新兴市场业务的重要性在于，它们带来很多附加价值，如与其母公司同种形式的文化、使命、战略、流程、经验、组织结构、价值观、成功案例和做事情的方法等。许多进口产品，包括那些带来并使用这些产品的人，对新兴市场非常有用，因为他们向当地人传授外国的管理和治理标准。

马克记得他参观了英国南非米勒酿酒公司（SAB Miller，以前是南非啤酒厂，现在是百威英博的一部分）在尼日利亚的子公司。"它有极佳的配置，"他回忆道，"它承继了南非酿酒公司（SAB）的所有做法，包括它对待员工的方式。"

我们在津巴布韦投资了一家 SAB 酒厂。当时政府陷入了混乱，公共财政混乱不堪，因为政府的资金已经耗尽，资本外逃已到了临界水平。从表面上看，当时投资任何津巴布韦公司都是极其愚蠢的。

尽管有这些动荡和障碍，我们的酒厂（被评为非洲最干净的酒厂）做得非常好。由于当地投资者纷纷购买，该公司股价在两年内翻了 4 倍。与当地企业相比，他们更信任像 SAB 这样的外资企业，因为他们对外资企业的管理技能和业绩记录更有信心。SAB 作为世界上最高效的酿酒商之一的声誉，增加了人们对其股票的认知价值。

然而，跨国公司除了推行母公司的标准之外，也存在一种不可取的家长式倾向，即对共同投资者利益的忽视。它们拥有实际控制权，在股东大会上做出所有决定，并决定所有业务和运营问题。它们把业务本身经营得很好，但在某些方面的公司治理标准并不高，如信息披露和投资者关系方面。在管理新兴市场的子公司或联合公司时，一些外国母公司会更多地利用事实上的控制权，服务于母公司投资者的利益而非子公司或联合公司投资者的利益。例如，股息政策可能不如对母公司那样慷慨，或者出于税收原因，管理层按照母公司的指示，以损害少数股东和当地经济的方式来"管理"子公司或联合公司的盈利。这里常见的做法包括"转移定价"（transfer-pricing），收取繁重的集中管理服务费用和过高的品牌使用费，目的是将利润转移到税收较低的地区。

根据非洲开发银行（African Development Bank，ADB）的数据，非洲每年因为低开发票、跨国公司的转移定价以及腐败等行为产生的非法资金流出损失约 600 亿美元（6.9）。低开发票，即通过低估发票上的出口价值跨境非法转移资金，是压力组织全球金融诚信（Global Financial Integrity，GFI）测算的最大一项非法资金流出方式，它用于洗钱、逃避税收和关税、骗取税收优惠和规避资本管制。转移定价（公司内部交易中收取的价格）在新兴市场，包括境外母公司从当地子公司过度收取集中服务费在内等的违规操作仍然很普遍。

如第五章中详细讨论的，法国电信发生在波兰的故事是一个很好的例子。

尽管跨国公司有时对新兴市场持掠夺性态度，但总的来说，我们认为，对于发展中经济体而言，跨国公司的子公司和联合公司的好处多于坏处。它们将发展中国家视为发展中国家，并不总是完全照搬它们的 ESG 政策。但是，通过从传统上一直是新兴市场主要啤酒供应商的非正规啤酒厂手中抢夺市场份额，SAB 的子公司将啤酒酿造业纳入国家的征税范围，并有助于减少与非法酿造有关的健康风险。

当投资于通常被视为"罪恶"的股票（如啤酒厂和烟草公司）时，总是存在以下问题：它们是否符合 ESG，同时需要考虑政府征税或广告限制的风险。当我们考虑投资一家肯尼亚酿酒商时，被告知不要担心所有的一切，因为该酿酒商代表正义的一方。没有它，肯尼亚人的处境会更糟。

许多非洲国家/地区有悠久的家庭酿造传统。最近，有人告诉我们，家庭酿酒作坊将用过的电池扔入麦芽浆中，使啤酒具有"电子风味"。但是普通的干式电池由锌、二氧化锰、氯化铵和氯化锌以及氢氧化钾等化学物质组成，其中大多数具有或轻或重的毒性。有人告诉我们，"已经有人因此丧命"。受监管的酿酒商生产的啤酒更健康，因为它使用纯净水且酒精含量较低。

这些关于酿酒作坊使用捣碎电池的令人生厌的故事，可能只是酿酒商公共关系人士的夸大其词。但是，即使不去轻信公共关系人士的话语，你也会相信拥有现代化的设备和技术、高水准的卫生条件和较低的价格，同时置于严格监管之下的酿酒商，通过市场竞争赶走了家庭作坊，可以改善当地的公共卫生状况。

第七章

评估和绩效

毋庸置疑，大家都知道 Bridges 资本谱系上的新范式投资者（见第六章）在持续创造极大的 ESG 价值，并给其所在的国家和这颗星球带来了真实有价值的益处。

　　崭新的新范式投资者与之前的传统投资者和慈善家有所不同，这一点体现在两类人追求回报率的方式上：传统的财务回报和非传统的心理回报。心理回报与投资组合公司的 ESG 绩效相关，或与对实现 17 个联合国可持续发展目标的贡献相关。

　　确信新范式投资者在做有益的事是一回事，但是要准确知道，或者大致知道他们贡献了多少益处是另一回事。

　　暂且不论跨国集团的结构和转移定价安排的各式各样复杂的情况，衡量公司的财务状况或组合投资回报率并不是一件困难的事情。但非财务部分怎么处理呢？这一点非常重要，因为没有这一步骤，就没有办法评估新范式基金和传统基金之间的绩效差异。

　　我们之前不止一次提到过，通过非财务指标来衡量 ESG 绩效是新范式投资者面临的主要挑战之一。目前，企业和基金正处于转变过程中，它们宣称忠实于 ESG 并承诺实施改革，遵守 ESG 并视之为真理。不久之后，ESG 将成为投资环境中的必选项，并且注意力也会从企业和被管理的基金是否遵循 ESG 原则转向它们到底创造了多少 ESG 绩效。

换一个角度来看，直到近期对 ESG 的承诺仍然是一种"差异化"的标准，实施之后的企业或基金脱颖而出。当今，它正迅速成为一种"资质"的标准，或者说是参与竞争的必备条件。

本章将介绍一些有关于衡量非财务回报的问题，并给出一些解决方案。然后，我们将解决本书最初提出的问题"它赚钱吗"。ESG 投资、"积极的" ESG 投资和新兴市场"积极的" ESG 投资，可以实现市场利率或更高的财务回报率吗？

我们需要再次强调，一部分财务和一部分非财务的双重回报率是新范式投资者商业模式不可缺少的部分。这将使它们区别于在谱系两端的传统投资者和慈善机构。在我们看来，这将是巨大的力量来源，因为它能够为行善自我融资，所以是"可持续的"。

如果新范式投资者被证明具备良好的 ESG 或可持续发展意识，并且与此同时还能享受到市场利率或者更高的回报率，那么他们就能改变这个世界。

用代理变量来衡量

如果在几年前的某段时期，一个就业模式亘古不变的非洲国家中的 10 万名女性离开她们的家庭农场并开始创业，你肯定会认为当地环境发生了一些重大改变，但它到底是什么呢？

它的出现是因为引进了更加有效的农耕方法？智能手机支付系统的诞生？道路的优化？产权的强化？还是因为提前 15 年让女性开始接

受国家教育？它可能是这些因素共同作用的结果，或者说还有很多我们没有想到的因素。这些迄今为止各自独立的进展在短时间内连接在一起，转变了女性看待世界的方式，提升了女性的社会地位。

这是衡量非财务回报率的问题——它们很难构成因果关系。为了更加精确地测量，关心 ESG 的人（其中包括客户、雇主和新范式投资者）必须要利用代理变量。

其中一个代理变量是消费品集团宣布采用更环保的包装。正如我们在第五章提到的，可口可乐在 2018 年 1 月承诺到 2030 年回收并循环利用所有包装，随之可口可乐股票在 ESG 投资者眼中变得更具吸引力了，因为投资者知道可口可乐的产品和工作岗位将更加吸引千禧一代。

但承诺毕竟廉价，经验老到的投资者并不会被这些意向声明轻易说服。他们希望并期待基金经理能够清晰地表明投资组合中的公司在实现 ESG 目标过程中的行为和成效的真凭实据，以便更好地观察公司的 ESG 绩效并根据绩效改善或恶化的信号采取应对措施。

2015 年英国环保慈善机构艾伦·麦克阿瑟基金会（Ellen MacArthur Foundation）（艾伦·麦克阿瑟爵士在一个人环球旅行之后，为推进环境友好型商业模式而创立的项目）的研究表明：在包装上引进通用回收标志的 40 年后，分类收集的包装仅有 14%，而其中实际回收率仅为 2%。换言之，尽管高度重视废弃塑料难以降解这一人为问题，但在麦克阿瑟基金会开展研究的同一时间，真正实施的应对措施很少。在 2017 年年末至 2018 年年初，《蓝色星球 2》上映后唤起许多新的公司做出环保承诺。这表明这些公司终于开始严肃对待这一问题，但这究竟是一个真正的转折点还是另一道虚假的曙光，还有待观察。

更准确地说，近期的发展趋势是旧时生活的重现，鼓励人们返璞归真，把我们带回到那个塑料价格高昂的时代。宝洁公司正在通过打折和发放优惠券的方式鼓励回收。可口可乐正在构思一项"扫码中大奖活动"，如果消费者完成了瓶罐回收，那么他们就能参与抽奖。正如第二章所述，我们投资的一家中国公司就在制造并运作一款自动回收机。诸如此类计划均需要资金投入，因此也能检验出企业是否在真正严肃地履行其回收承诺。

对垃圾回收并将回收垃圾返还给供应商的行为提供奖励，是一项潜在的非常有效的激励回收的措施，但它也向 ESG 投资者提出了一些问题。多大的奖励能够改变消费者的行为习惯？回收垃圾的内在价值是否足以覆盖奖励、收集和清洁的费用？如果不能，那么其所需的补贴和价格溢价的部分是否会影响财务回报？对 ESG 投资者来说，来源于减少废弃垃圾的非财务回报（一种为保护地球做出贡献的满足感）是否足以抵消财务回报的减少？ESG 投资者可能会得出结论：他们更希望制造垃圾的公司在一开始就在有助于减少子公司的包装使用行为上投入资金。

基于这样的判断，ESG 投资者需要考虑废品回收未计价的"外部性"（对不相关第三方的附带影响，见第二章），如减少碳排放，提高公共空间的清洁度，减少流进江河海洋的塑料微粒。归根结底，每个 ESG 投资者和消费者都必须做出属于自己的判断。不同的追求目标会导致他们做出不同的权衡。但是，所有人都必须了解公司的行为和商品的来源。

监管者

多种指数和排名都可以用来追踪 ESG 企业和 ESG 基金的业绩表现，并为 ESG 投资者提供直接的帮助和指导。

例如，Sustainalytics 公司会根据上市公司的 ESG 绩效，给予"可持续性"评价。该公司总部设在阿姆斯特丹，是 1992 年成立于多伦多的 Jantzi Research 公司和欧洲其他同类公司合并的结果。2000 年，该公司推出了 Jantzi 社会指数，这是加拿大第一个通过社会指标筛选上市公司的股票指数。2013 年，该公司与联合国全球契约组织（United Nations Global Compact）合作推出全球契约 100 指数（Global Compact 100 Index），后者由 13 000 家实力雄厚的企业组成，致力于可持续发展和社会责任的 10 项原则。

由于在分析质量以及早期发现趋势和问题方面表现优异，Sustainalytics 公司为自己在 ESG 投资领域开辟了一片有影响力的利基市场。在 2015 年大众汽车排放丑闻爆发的几个月前，该公司就已经对大众汽车的治理表示担忧，并对菲亚特汽车公司的治理发出类似警告，18 个月后，也就是 2017 年年初，这家意大利汽车制造商被指控 10.4 万辆柴油车违反排放法规。

2015 年，《哈佛商业评论》给了 Sustainalytics 公司极高的认可，并将 ESG 评分纳入全球 100 位表现最佳的首席执行官的评估当中。斯托克全球 ESG 领导者指数（STOXX Global ESG Leaders Index）使用 Sustainalytics 公司的数据来确定最佳股票。

2016 年，总部位于芝加哥的投资研究和管理公司晨星（Morningstar）发布了首个针对共同基金和 ETF 的可持续性排名，通过将 Sustainalytics 的研究应用于每个投资组合中的公司计算出整体评分。次年，晨星收购了 Sustainalytics 40% 的股份。

2017 年，荷兰国际集团发放了第一笔贷款，这笔贷款的息票与贷款人飞利浦公司的可持续发展评级挂钩，该评估由 Sustainalytics 完成。

摩根士丹利资本国际公司是一家杰出的公司，该公司提供了一系列 ESG 指数，ETF 可以从中获取 ESG 证书。例如，该公司推出的 MSCI 全球所有国家可持续影响力指数（MSCIs ACWI Sustainable Impact Index）包含了通过支持联合国可持续发展目标的产品或服务获取 50% 及以上收益的公司。

汤森路透企业责任（Thomson Reuters Corporate Responsibility）指数也是用来衡量企业 ESG 表现的。

MSCI 还根据企业的"特定行业 ESG 风险以及相对于同行管理这些风险的能力"对其企业债券进行评级。它涵盖了 6 400 家公司和包括子公司在内的总共 11 800 家发行人。

2013 年 6 月，巴克莱银行（Barclays Bank）和 MSCI 联手推出了一系列基于 ESG 标准的固定收益指数，希望这些指数能够刺激债券市场的可持续投资。

机构股东服务公司向投资者提供关于公司治理问题的建议。该公司提供了一套 ESG 解决方案，以帮助投资者制定负责任投资的原则和做法，并将其整合到各自的战略中，并通过投票来执行。

近年来，世界各地的监管机构必须接受现今投资者对于满足 ESG 筛选条件的证券的渴望。2008 年，美国养老金监管机构对基金经理发出警告，《雇员退休收入保障法案》（Employee Retirement Income Security Act，ERISA）是一项通过制订合格投资计划所必须遵守的规则来保护养老金资产的法律，该法律认为基金经理不能因为 ESG 筛选影响财务回报最大化的受托责任。但 7 年后，美国官方措辞变得缓和。2015 年，美国劳工部表示不认为 ERISA 的规定排除了 ESG 筛选。同年，法国政府通过了一项法律，规定上市公司、银行和机构投资者必须提交 ESG 和气候变化报告。

如今，许多论坛、智库和座谈会参与到 ESG 投资的讨论中来，它们提升了我们的认知，指出了我们面临的难题和争议，也提高了我们的意识，制定了相关标准。例如，在 2011 年的一份报告中，欧洲可持续投资论坛表示，只有 42% 的新兴市场企业支持可持续发展政策，在实施这些政策方面，它们通常不如成熟市场企业那么勤勉。

国际综合报告理事会（International Integrated Reporting Council，IIRC）的目标是将财务报告推进到 ESG 时代。这是一个由监管机构、投资者、企业、标准制定者、会计师事务所和非政府组织组成的全球联盟，提出了一个价值创造的整体概念，作为公司财务报告发展的未来趋势。

国际综合报告理事会的愿景是，"通过整合报告和思考……使资本配置和企业行为符合财务稳定和可持续发展的更大目标"。为此该理事会制定了一个"综合报告国际框架"（International < IR > Framework）。在撰写本文时，理事会正在对这个综合报告框架进行市场验证，目的是让全世界的报告机构采用该框架。

该框架采用了多元资本的概念，将其定义为组织使用的资源和关系，或者组织可以施加影响的资源和关系。"资本"包括"金融、制造、智力、人员、社会和关系"，以及"自然（自然世界中的）"资本。

可持续会计准则委员会（Sustainable Accounting Standards Board，SASB）总部位于旧金山，是一个独立的私营组织标准制定者，通过披露可持续发展信息，"致力于提高资本市场效率"。该委员会将"可持续性会计"定义为揭示产品和服务的制造过程对环境和社会的影响，并报告对创造长期价值所必需的环境和社会资本的管理情况。另一个独立的标准制定机构是全球报告倡议组织（Global Reporting Initiative，GRI），该组织帮助企业和政府了解其对腐败、人权和气候变化的影响。截至 2015 年，共有 7 500 家组织使用 GRI 的《可持续发展报告指南》。

有了如此多的关注、如此广泛的排名和指数，以及如此众多经专家思考并提出的报告标准，可口可乐这样的大公司认真对待 ESG 也不足为奇。这类公司将会有兴趣致力于提升自己在 ESG 排行榜和指数排名上的名次，以展示公司 ESG 表现受到的好评，因为更高的 ESG 排名可以降低各种风险，如消费者的抵制和违反规定的罚款。

不过，这些公司不能在 ESG 合规上花费太多，如果它们这样做，有可能危及自身的生存，进而危及 ESG 合规行为的可持续性。它们在产出 ESG 合规带来的心理回报的同时，也需要产出可靠的财务回报。

如果没有财务回报，新范式投资者就不会有任何回报。

衡量影响力

一种投资方式越接近纯粹的慈善事业，就越迫切需要衡量非财务回报，因为如果没有可信的影响力证据，以"影响力优先"为目标的基金（在 Bridges 的资本谱系里仅次于慈善事业，见第六章）很难吸引到新资本。

影响力投资基金 Acumen 基金（见第六章）正在开发所谓基于客户的精益数据系统，以衡量对新兴市场投资的影响。能源是该系统应用的第一个行业，基准包括每天学习时长的改变（通过照明）、家庭二氧化碳排放的降低、煤油灯使用的减少、安全性的提升和时间的节省。当然，这些影响措施并没有提到财务回报，而是衡量投资者寻求的心理回报。

一些国际组织如世界银行集团，也对评估项目和衡量影响非常感兴趣，它们知道自己的一些援助项目不起作用，但不知道具体是哪些项目。

目前最具影响力的投资在私有市场，但如果衡量影响力的方法得到改善，投资将非常有可能转向公开市场，这一定是会发生的。

瑞银集团的黛娜·凯勒（Dinah Koehler）博士表示，一些新的衡量影响力的有趣想法来自科技行业富有的慈善家们，"因为这是一个习惯于衡量一切的群体"（7.1）。凯勒指出了用投入来衡量影响力的矛盾之处："仅仅因为钱被投入到一个社会倡议中，并不意味着它会带来可衡量的积极影响"。而用投入来衡量影响力时，并没有考虑到意料之外的副作用，她问道："如果某种水处理技术需要使用一种剧毒化学物质，而这种化学物质一旦释放到环境中就会给人类健康带来问题呢？"

正如凯勒所言，人们普遍认为社会影响应该以"人类福祉单位"来衡量。她认为，一个有希望的做法是从公共卫生和环境科学的原则中吸取经验，这些学科几十年来一直在参与制定相关领域的监管标准，包括企业生产、储存和销售商品，雇用员工，使用能源和水，以及污染空气、水和土壤。利用现有的科学手段，可以将企业的活动，以及源于和流经它们的物质、能量、水和污染物转化为"人类福祉单位"。

影响力投资者只关注投资组合中企业活动的正面影响。这对私有市场来说是可以接受的，因为在私有市场中，公司规模相对较小，而且环境足迹（碳排放等）也比较轻。在公开市场上，公司规模较大，通常会对社会和环境足迹（碳排放等）造成更大的影响，这样会导致负面影响，并且将会抵消公司活动的正面影响。如果要在公开市场构建影响力投资，那些被基本理念所吸引的人必须关注的不是正面影响，而是减去负面影响后的"净正面影响"。

凯勒和她的同事们正在与学术界合作，寻找更强有力的方法来衡量对气候变化、水、食品安全和健康的影响，该研究项目由瑞银资产管理公司和一家大型欧洲养老基金合作完成。

绩效

对于 ESG 投资者来说，一个重要的问题是如果他们将投资限制在符合 ESG 标准的公司，那么他们将面临较低的财务回报。换句话说，ESG 合规与两个变量［企业财务绩效（CFP）和基金业绩］之间如果有相关性的话，那么相关性是什么？

这些都不是容易回答的问题，至少有三个主要原因：第一，自 ESG 时代以来，没有足够大的时间来产生可靠的数据；第二，我们所掌握的数据传达的信息仍然是模棱两可的；第三，ESG 的定义不断变化，并且没有可靠客观的方法来确定公司是否遵守了它们所信奉的政策和原则。

尽管道德投资的起源可以追溯到几个世纪前，但它的现代阶段可以说仅仅肇始于 10 年前 6 项《联合国责任投资原则》的发布。尽管已有大量研究，但 ESG、公司财务和基金业绩之间的联系是否存在因果关系仍不清楚。ESG 业绩与基金和企业财务绩效之间存在相关性（见下文），但我们尚不能确定是否是前者导致了后者。良好的 ESG 和企业财务绩效都可能是由其他因素造成的，如良好的管理。

为了巧妙地处理"相关性并不意味着因果关系"这一众所周知的问题，MSCI 的一项研究分析了公司遵守 ESG 标准将如何获得良好的业绩（7.2）。

该研究选定了三种在现金流量贴现模型（DCF）中的"传导机制"：现金流、特有（针对公司）风险和估值。如果 ESG 评级较高的公司更具竞争力并获得超常回报，就会通过现金流向市场传递出积极的信息；如果它们更善于管理公司特有的经营风险，就会通过特有风险渠道传递出积极的信息；如果它们面临的系统性风险较小，有着更低的资金成本和更高的 DCF 估值，就会通过估值渠道传递出积极的信息。

但是，这仅仅只与学术研究兴趣有关，并不是明确的因果关系的证据。在现实世界中，这种相关性非常强，以至于我们认为 ESG 合规与良好业绩之间存在直接的关系并不会导致严重错误。最后，即使 ESG 合规被证明是好的管理的代理变量，而非良好业绩的原因，那又有什么关系呢？

这些数据还有一个更严重的问题，ESG 评分更多地着眼于公司的运营和组织政策和架构，而不是其产品或服务。这就解释了为什么尽管石油巨头壳牌（Shell）主要产品的燃烧会产生温室气体排放，但该公司在 ESG 排行榜上的排名通常比电动汽车集团特斯拉要高，因为后者没有制定正式的道德准则或治理政策。ESG 数据的另一个缺点是局限性，这些数据在很大程度上只限于成熟市场的大型上市公司，而不能描绘全球整体情况。

同样值得注意的是，在对比 ESG 基金的投资业绩和市场水平时，存在两个不利因素：第一，ESG 成本较高，报告并分析 ESG 元素需要时间和金钱，也可能需要专业的团队；第二，ESG 标准从投资组合中排除了一些不符合标准的高盈利公司，在与市场的竞争中，ESG 投资受到了内在不足的制约。

然而，证据表明，ESG 完全有能力迎头赶上。德意志资产与财富管理公司（Deutsche Asset & Wealth Management Investment）于 2015 年委托开展了一项研究，研究结果提道："ESG 投资的商业案例是有充分的实证依据的。投资于 ESG 会获得金钱上的回报。此外……ESG 对企业财务绩效的正面影响在长期来看是稳定的"（7.3）。

这项研究非常权威，因为这就是作者所说的二阶荟萃分析法（second-ordermeta-analysis）。通俗地说，它整合分析了 60 项回顾性的研究工作，其中每一项研究都整合分析了大量的实证研究。虽然这些研究工作存在部分重合的内容，但这项研究间接地吸纳了 20 世纪 70 年代以来的 2 200 多项具有独创性的实证研究结果。研究发现，企业财务绩效与 ESG 的三个维度都呈正相关。最紧密的联系在公司治理方面：10% 的实证研究发现企业财务绩效与公司治理之间呈负相关，但 62% 的研究发现了显著的正相关关系。

研究人员发现了一些显著的地区差异，他们得到的结论是，ESG 在北美和新兴市场尤其有着出色的表现机会（见下文）。

牛津大学史密斯企业与环境学院（Smith School of Enterprise and the

Environment）和可持续投资基金英国九章资产管理公司（Arabesque Asset Management）共同开展的另一项研究也得到了类似的结论。大约 90% 的研究发现，ESG 标准高的公司资本成本较低，88% 的研究发现良好的 ESG 实践与卓越的经营业绩相关，80% 的研究发现股价与这些好的 ESG 实践存在正相关关系（7.4）。作者得出结论，将 ESG 纳入决策符合投资者和管理层的利益，并预测未来的可持续投资在于"包含投资者和消费者在内的多元化股东群体的积极所有权"（我们的重点）。

ESG 和债券市场

债券表现与 ESG 评分的正相关关系也很明显。巴克莱银行的一份报告发现，过去 7 年（2009—2016 年）ESG 对美国投资级公司债券表现的影响表明，在控制其他风险因素时，ESG 评分最高的投资组合有着超越指数的优秀表现（7.5）。其中，ESG 的治理部分贡献最大，而社会部分贡献最不明显，但"偏向环境或社会评级较高的发行者并不会降低债券的回报率"。上述结论是基于 MSCI ESG 和 Sustainalytics 这两家评级机构分别提供的 ESG 评级数据得到的，而且这两家机构的评分体系和方法有着明显的不同。

ESG 投资者的想法

荷兰学者开展的一项试图阐明"ESG 基金管理人的观点和行为"

的研究发现，绝大多数基金管理人都是《联合国责任投资原则》的签字人，这表明责任投资原则的影响"远远超出了明确将自己贴上具有社会责任感标签的管理人的范围"（7.6）。

另一个观点是，ESG 投资者更喜欢对公司而不是行业进行分析，并且"最关注的是与管理质量密切相关的公司治理"，作者提出，"成功实践 ESG 政策需要大量的战略规划，因为它直接关系到具有长期影响的决策，包括生产技术……自然资源的使用和社会维度，以及与雇员和社区的关系……对环境和社会维度的不当管理可能会对公司开展业务的能力产生严重的负面影响"。换句话说，G 带动 E 和 S。

对专业投资者的研究结果与早期对个人投资者的研究结果相似，两者都以整体的方式考虑 ESG，而主要区别在于，专业资产管理人认为治理比环境和社会因素更重要，而个人投资者则认为环境和可持续性问题是重中之重。

研究发现，ESG 投资者对自己获得正的风险调整回报率的能力充满信心。换句话说，他们似乎把自己的投资方式视为好的商业实践，而不是他们实现改变世界愿望的工具。但是，ESG 投资是可以将二者合二为一的，作者相信将世界变得更好就是一种好的商业实践。

ESG 不是保证

ESG 花园并非全是玫瑰色的。在过去几年里，可再生能源投资是 ESG 主动筛选的一个案例，但是在过去几年里，并没有获得巨大的回报。

太阳能电池板价格大幅下跌，其中许多是中国制造的，这使得总部位于加州的太阳能源公司（SunPower）等供应商很难赚钱。该公司的大部分电池板在菲律宾、马来西亚和墨西哥制造。2018 年 2 月，该公司股价下跌 41%，部分原因是美国前总统特朗普对进口太阳能电池板征收关税。

由于诸如此类的原因，贝莱德新能源基金和百达清洁能源基金（Pictet's Clean Energy Fund）等专业可再生能源基金近年来表现不佳。可再生能源行业的问题部分在于，太多的资金追逐过于少量的高质量投资机会。

还有人认为，最近所谓的绿色能源投资激增，部分原因是各国政府为兑现在 2015 年《巴黎气候协定》中做出的承诺而给予补贴。绿色怀疑论者预测，当这些补贴取消时，可再生能源、电动汽车和其他清洁技术的潜在经济效应将不再有较强的吸引力。

怀疑论者还声称，近年来，绿色能源基金受益于油价下跌对石油公司财务表现的冲击。但是，当油价上涨时，事实上这几乎一定是会发生的，石油公司将变得更有利可图。

总体来讲，符合 ESG 的公司和基金在中长期表现良好，并可能继续如此。但是，人们不能也不应该指望它们不受政治和经济环境以及产品和资本市场变化的影响。

学术文献为那些担心 ESG 投资可能违反其受托责任的人提供了慰藉，但是仅关注财务表现就像在没有王子的情况下上演《哈姆雷特》。在这种情况下，缺席的王子是从 ESG 合规性中获取的心理回报，也就是当个人投资者和基金受益人了解到他们的积蓄被用于对环境和社会负责任的用途时获得的价值。

正如我们所看到的，ESG 投资的心理回报很难衡量，但是如果它们可以忽略不计，就不会有对 ESG 敏感的投资需求。ESG 投资越来越受欢迎的事实，意味着越来越多的人愿意为它产生的心理回报买单。事实上，正如这些研究表明的，他们不必真正付钱，这意味着 ESG 投资是一笔不错的买卖。成熟市场的 ESG 投资者也可以分一杯羹。

激进主义的回报

相关证据表明，ESG 投资获取了超越市场的财务回报，我们将转向另一个问题，即积极的投资管理——GSIA 的第七种投资方式"企业参与"——是否也能获取更好的财务回报。我们相信它可以，并且它确实也做到了。但是，因为我们正在使用这种投资方式，所以我们的看法是带有偏向性的。

前文提到的牛津大学和英国九章资产管理公司的文献综述所提到的不同研究工作中，都发现了一种动量效应，就是那些赋予 ESG 有明显改善的公司以更高权重的策略表现，会优于那些专注于静态 ESG 评分的策略表现。作者从这个结果中总结出，理性投资者可以对他们投资组合中的公司施加压力，以提高其 ESG 评分，从而捕捉股价的动量效应（7.4）。

他们引用了埃尔罗伊·迪姆森（Elroy Dimson）、乌古汗·卡拉卡什（Oǧuzhan Karakaş）和李习（Xi Li）的另一项研究（7.7），这项研究调查了 1999—2009 年由基金管理人参与管理的 613 家美国公司，发现由投资人引入变革的公司会有更好的表现。在投资人介入之前，这些公司都是规模较大且已成熟的公司，但是表现不佳。为了帮助这些企业获得成功，投资人需要进场 2~3 次，每次 12~18 个月。但是这种努力是值得的。一次成功的变革之后，企业的投资回报率平均提高了 7.1%。对于侧重于公司治理的项目而言，这种提升更加明显（累计超常回报为 8.6%）；对于侧重于气候变化的项目而言，提升还会更高一些（累计超常回报为 10.3%）。

在参与提升企业在环境和社会方面的表现后，资产回报率和员工人均销售额都显著提高，这表明提升 E 或 S 有助于提高客户和员工的忠诚度。作者认为，"积极所有权限制了管理层目光短浅的行为"，从而有助于降低非强迫性管理失误造成的损失，以及降低公司在面临预料之外的外部冲击时的脆弱性。

迪姆森等人的研究完成于 ESG 时代之前，所以专注于 ESG 的前身——企业社会责任（CSR）。他们总结道："我们发现，与吸引具有社会意识的客户和投资者参与 CSR 活动的观点一致，在投资者成功影响企业之后，企业在经营业绩、盈利能力、效率和公司治理方面会得到改善。"因此，证据表明，ESG 投资和积极投资的表现优于市场。

这个结论与我们自己的经验是一致的。作为新兴市场的积极投资者，在我们长期的职业生涯中，我们可以举出许多例子，证明在参与到投资组合中的公司的管理之后，公司业绩会得到显著改善。

新兴市场的 ESG

在新兴市场，来自当地要求企业改善 ESG 业绩的压力不大，大部分压力来自对 ESG 敏感的国外投资者。

而且，由于有关当地公司的可用信息和 ESG 报告较少，ESG 投资者也就更难计算风险。ETF 显然也没有出现在新兴市场公司的股票登记簿上，原因是新兴市场指数的覆盖范围不完整。MSCI 新兴市场指数只覆盖了两个非洲国家——南非和埃及。

然而，事实证明，ESG 在新兴市场的投资表现良好。自 2008 年金融危机以来，MSCI 新兴市场 ESG 领导者指数（ESG Leaders Index）的表现一直优于 MSCI 新兴市场指数，这种趋势还在不断增强。2017 年 6 月，这两者的差距达到 51.84 点，是 2013 年年初的两倍，而且差距继续扩大。到 2018 年 5 月，ESG 领导者指数差一点儿就比市场指数高出 59 点。2007 年 9 月投资于 MSCI 新兴市场指数 1 美元，到 2018 年 5 月仅涨到 1.23 美元，但投资于新兴市场 ESG 领导者指数的 1 美元涨到 1.82 美元，这是一个实质性的超越。

ESG 领导者指数由 417 家公司组成，这些公司在 MSCI 用于衡量 ESG 的标准中得分很高，其中中国企业占其总市值的 1/4。该指数不包括涉及酒精、赌博、烟草、核电和武器等行业的企业，而且"倾向于给政府控制较多的企业、污染行业或劳资关系记录不佳的企业以较低的 ESG 评分"（7.8）。

有关新兴市场和当地企业的数据及相关分析的数量和质量一直在增加。然而，尽管新兴市场企业信息的广度和深度都在稳步提升，但是，要让 ETF 或其他被动基金成为这些新兴经济体变革的强大推动者，似乎不大可能。无论规模大小，被动基金并不能具有足够的推动力量，因为跟踪一个 ESG 指标或另一个指标并不能传递出很多有用的信息。新兴市场的企业自身甚至不会意识到，它已经通过了被动 ESG 基金的评估并被纳入成分股范围，更别说为什么这一切会发生了。因此，只有贯彻企业参与政策的积极基金才能对新兴市场公司施加与 ESG 有关的影响。

这里提供的证据让我们能够回答本书开头提出的三个问题：ESG 投资能赚钱，积极投资能赚钱，新兴市场的 ESG 投资也能赚钱。虽然没有足够的证据清楚地表明，新兴市场的积极 ESG 投资能赚钱，但考虑到其他证据，这种投资方式应该会赚到更多的钱。

投资向善

被动基金的 ESG 负面筛选方法（没有通过 ESG 测试的公司就不能进入投资组合）是千禧一代眼中的弱点，因为他们的目标是改变世界，而不是评判世界。他们希望在环境、社会和治理问题上采取行动，而在新兴市场，采取这类行动可以发挥最大的作用。可以肯定的是，如何评估始终是问题，但在这里和在其他地方一样，大致正确比完全错误要好得多。当谈到 ESG 时，有时候知道你和天使站在一起便足够了。

对于关心 ESG 问题的人来说，在投资时未能通过 ESG 测试，但在积极投资者的推动之后可能通过测试的公司，很可能提供最高的综合（财务＋心理）回报。撒哈拉以南非洲地区就有很多这样的公司（见第八章）。

尽管似乎没有必要这样做，但是千禧一代愿意为遵守 ESG 原则而支付额外的费用；作为员工，他们愿意领取较低的薪酬；作为消费者，他们愿意支付较高的价格；作为储蓄者，他们愿意接受较低的回报。但他们并不是在等空头支票，他们想要的既包括绩效，还包括 ESG 合规。

世界各地的公司，包括新兴市场，都在努力实现高综合（收入＋影响力）回报。我们没有理由对这些公司在面对千禧一代施加的 ESG 压力时做出的反应冷嘲热讽，也没有理由质疑它们的动机或诚意。因为在 ESG 呼声越来越高、企业 ESG 绩效审查越来越严格的背景下，它们正在回应这些趋势。真正重要的是，做出承诺并采取行动。而且，如果要准确衡量一家公司对环境、供应链中的社会责任和公司治理质量等观念，就要将为其工作或与其共事的人们的信念看作一个整体，考虑到其中千禧一代所占的比例越来越高，很难不将这些公司视为《蓝色星球2》影响的一代人中的忠实一员。

第八章

伟大的觉醒

要是问现在越来越多不为生存而烦恼的人，当前这个时代最紧迫的问题是什么？环境应该是其中一个答案。过去几十年，一个被普遍认可的观念悄然滋生。人们的生活起居影响自然系统的观点，现在已经深入人心。很多人相信正在恶化的气候部分源于我们的错误。很多人在得悉塑料对野生动物和海洋的影响后感到震惊，也为我们在海洋和湖泊里一手造成的"死亡区域"感到羞耻。卫星图呈现了令人震惊的事实，雨林、珊瑚礁、冰川和冰架正在缩小，然而沙漠正在扩大。撒哈拉沙漠和戈壁沙漠每年都会扩大数千平方公里。空气污染迫使许多人必须要戴口罩呼吸。

　　紧随"最紧迫"榜单首位的另一个问题是苏格兰诗人罗伯特·伯恩斯（Robert Burns）提出的"人对人的不人道"（man's inhumanity to man）。人们对发生在非洲、南美、东南亚和印度次大陆的人口贩卖和童工问题、低工资和血汗工厂里恶劣的工作条件等深恶痛绝。火灾以及厂房倒塌造成了令人惊骇的伤亡，对工人健康和安全的漠视是可耻的。当成熟经济体下的人们意识到正是这些支撑着他们的生活方式的时候，对不人道的愤怒转变成了羞耻感。

第三个激起我们愤慨和厌恶的问题是，有权势的人贪婪、虚伪、不负责任。我们感到震惊的是，掠夺成性的精英和腐败的官员窃取弱者的财富，侵吞国家财产，并将他们的同胞公民定罪，让他们生活在贫困和恐惧之中。从这些装扮成政府的黑帮和军阀身上，我们看到了难民潮和非法移民的源头，他们在考验那些更稳定、更繁荣国家的选民的耐心。

公众对于治理失败的愤怒不仅仅指向新兴市场国家。每个人都希望自己国家的治理能够公平、诚实、合法和高效。所以，德国汽车制造商大众在柴油发动机上使用所谓的"减效装置"来逃避环保监管这件事，与巴西石油公司和三星集团等公司的丑闻一样令他们愤怒。

对于消费者、雇员和投资者来说，我们的社会远不完美。但是在21世纪的第二个10年的末期，关于改革的优先事项已经逐步达成共识。现在有一种普遍认知，我们的机构必须努力成为对环境和社会负责任的机构，并且应该尝试确保治理变得更加公平、合规和高效。

有些人也许会说这些新的对责任和道德义务的强调过于严苛，而且在现实社会中，人们必须学会带着一点原罪去生活。但是我们并不同意，在追求 ESG 的过程中是没有妥协余地的，也不会给那些倾向于忽视他们的责任或者不关心他们的道德义务的人们留有空间。我们决不妥协，因为我们知道不负责和纵容不道德的行为会直接转化为公司成本或者投资者的损失。自大众汽车 2015 年 3 月的"尾气门"丑闻曝光以来，直到 2018 年夏天，大众已经支付了 260 亿美元的罚金。对于投资者来说更重要的是，公众对于丑闻对企业运营影响的担心导致大众的股价从高于 246 欧元/股暴跌至 11 月的不足 96 欧元/股。此后价格虽然有所回升，但是到 2018 年年中，大众们股价还是相较其 2015 年的高点跌去超过 100 欧元/股。

ESG 势不可当

有些人认为 ESG 投资只是另一股潮流而已，就像郁金香、南海公司以及 20 世纪末的互联网热潮。当市场焦点转移到"物联网"或"人工智能"等其他热潮时，互联网热潮很快就消退了。但是，这些人的想法是错误的。

ESG 投资目前很大一部分仍然在欧洲，但是它在全球资产管理中的份额正在快速增长。我们预计，到 2050 年所有的投资都将实行这样或那样的 ESG 筛选，那些不遵守 ESG 要求且未能通过届时更为复杂的 ESG 测试的公司，将不会有机会接触到全球资本。

我们对于 ESG 投资方法的持久性的信心来源于两个理由：第一，这是一个符合当下思想潮流的强大理念；第二，这是一个可以盈利的投资策略。

ESG 作为一个品牌的巨大优势是它很难受到指责。没有人，至少说没有政府能够公开反对其主张，即任何组织应该用对环境和社会负责的方式运营，任何企业和国家应该实行良好且公平的治理。

另外一个优点是 ESG 三个元素的互相支撑。E 是市场营销的先锋：日渐缩小的冰架和冰川、浓重的毒雾之下的面罩、被污染的地面和雨水、环绕城市的塑料垃圾山、充满塑料垃圾的沙滩、塑料堆积的河流和河口、被风吹起的塑料袋……除了引起恐慌、震惊、愤怒和反感外，这些景象还会引发"为什么？""怎么会这样？""还有谁？"这样的问题。在寻找答案的时候，人们发现了童工、血汗工厂的大火和倒塌的工厂建筑物映射出了"S"的图像。反对现状的呼声在高涨，ESG 正在成为一种战斗口号。

像所有强大的趋势一样，ESG 在理想和市场之间搭起了一座桥，传递着信念、要求和意图。如果有明确的证据表明 ESG 投资策略的绩效不佳，那么 ESG 在资本市场将无人问津。但是，并没有这样的证据。相反，正如我们在前几章看到的，绝大多数的研究发现了 ESG 和与 ESG 类似的投资方式与基金绩效之间有很强的正相关关系。

这个发现初看之下是令人惊讶同时又很重要的。令人惊讶的是因为在其他条件相同的情况下，人们认为对投资策略的选股施加非财务限制会跑输市场。同时，这些发现也很重要，因为它们消除了对采用 ESG 投资策略的最强大的反对声音，即基金经理的受托责任始终是为受益人的利益行事。如果 ESG 投资策略优于市场，基金经理不仅会被授权采用 ESG 投资策略，而且也会有义务采用 ESG 投资策略。

仔细思考一下，实行 ESG 策略的公司和基金管理公司的表现优于同类企业这一事实也就不足为奇。一个受到道德戒律和责任感指引的管理团队，怎么也不会想到用一种设备在排放测试中作弊。同样，一个听说某家公司使用类似把戏的 ESG 基金经理也不会想着去投资这家公司。

ESG 是一个连接点（nexus）。这个术语出现在基金管理的范畴，不过它有更加广泛的意义。它将当今和以前的各种不相关的主题和群体联系在一起，为担心给环境和全球供应链带来影响的消费者、担心公司声誉的资深经理人和正在寻求最大限度提升风险调整后的投资收益（尤其是在新兴市场）的积极投资者奠定了共同的基础。

正如我们在第六章看到的，各种类型的参与者都在积极投身新兴市场。非营利性组织专注于紧迫需求，并不期待任何财务回报；所谓的"影响力基金"专注于联合国的 17 项可持续发展目标，投资于私有市场，期待获得一些财务回报；"积极型 ESG 基金"投资于公开市场，参与公司管理并寻求市场平均水平或更好的投资回报；一些"被动基金"追踪那些对新兴市场覆盖有限的 ESG 指数；传统的基金对投资地点和投资对象没有任何限制，但也会在机会明显的时候涉足新兴市场。

积极型和激进主义型基金偶尔会共同给管理团队施压，打"代理权之战"。但迄今为止，各类投资者之间、投资者与其他利益相关方（如客户与消费者）之间很少有合作。

有人建议，积极投资者也许可以通过与消费者基于 ESG 共识采取行动来增强自身实力。"在我们看来，"戈登·克拉克（Gordon Clark）、安德烈亚斯·菲纳（Andreas Feiner）和迈克尔·菲斯（Michael Viehs）建议道，"积极所有权的发展方向是将［主动管理基金］的最终受益人与所投资公司的商品和服务的最终消费者纳入投资议程和设定优先级的过程中。"（8.1）在新兴市场，类似的合作也许存在一些其他的可能性（见第六章），如"有影响力"的投资者和"积极"的投资者之间的合作。

ESG 品牌下的这种合作与协同也许会成为积极投资者弹药库的强大补充。股东大会上的代理权之争，背后得到了同期发生在街头和社交媒体上的激烈的消费者抗议的支持，所有与 ESG 相关的改革，都将对那些顽固的管理团队或自私自利的大股东构成严峻挑战。

ESG 是一个共识，是这些代表了时代精神不同侧面的群体的共同基础。这一点明确地向投资者传递了这样的信息——"不要站在时代精神的对立面"。

无处隐匿

ESG 时代精神来自普通人对当今世界某些环境、社会和治理方面的担忧，虽然经常将这些担忧归因于千禧一代，但对 ESG 的敏感并不局限于在 1980—1995 年出生的人。

研究表明，千禧一代比其他几代人更关注 ESG 问题，但事实并非完全如此。它的真正重要性在于其他方面，并且是双重的。首先，他们已经迈入了人生的高收入阶段，他们选择购买什么和在哪里工作对全世界的公司都具有重大的经济意义。其次，他们是世界上最喜欢沟通的一代，他们的决定比前几代人更加明智和具有连贯性。过去，腐败或犯有其他错误的管理层和官员可以利用公众的无知掩盖自己的不当行为，从而免受公众的审查。但是，如今这并不那么容易。千禧一代作为智能手机和社交媒体最为活跃的用户，可以照亮企业和政府的阴暗角落。

新闻、新闻评论、虚假新闻、谣言和怀疑论等，都通过新闻渠道、博客和大众社交媒体平台的广泛传播而得以快速流传。这种或多或少的持续沟通使社会运动和抗议势头始终保持活跃，迫使那些过往习惯于在新闻稿和声明中自说自话的各类组织参与对话和辩论。

的确，在这样一个沟通的绝对数量胜过质量的世界里，演讲和辩论能力已不再重要。美国前总统特朗普的推特就是一个例子。他通过在推特上不断发布侵略性的、劣质的、通常毫无根据的并且以简短的大写字母结尾的断言或指责，以维持其支持者的忠诚度。

但是，在喧哗的社交媒体聊天中，既有"信号"又有"噪声"。如今，开放已渐成主流，保密已成为过去。作为"告密者"，吹哨人已经成为信息透明的拥护者和信息时代的英雄。对于那些触犯法律、身陷腐败、严重失责以及漠视公众对 ESG 合规性要求的人来说，这是一个非常不友好的时代。

除了成为我们这个时代的主流消费群体，这些善于沟通、好奇又见多识广的群体也正迅速成为主流投资者。那些愿意购买用从海洋中捞出的塑料垃圾制成的运动鞋的人，会有多大可能性成为被动投资者？我们认为，他们会更加支持那些要求董事会遵守 ESG 信念的积极基金经理。

每个人的 ESG 投资

从前，ESG 投资是一项小众活动，但是现今已不再如此。GSIA 估计，2016 年，全球有 1/4 以上的资产（总计大约 230 亿美元）以一种或多种方式被"可持续地"管理（参见第一章）。此后，这一数字不断增长，一些新的经过 ESG 筛选的指数陆续推出。对于那些希望将 ESG 原则应用于投资的人来说，无论是基金、被动投资和追踪基金的指数，都可以使用这些信息。

但是，正如我们已经说过的，我们不相信那些精通智能手机、熟悉社交媒体和具有一颗永不满足的由 ESG 驱动的好奇心的人们会对被动投资方式感到满意。在未来几年，我们预计智能手机和社交媒体会产生大量与 ESG 相关的原始数据。投资者及其研究顾问将分析这些数据，并转化为信息。这些信息将被用于为 ESG 的子类别得分制定所谓的关键绩效指标（KPI），形成 ESG 综合计分卡，从而清晰地揭示公司在 ESG 方面的优势和劣势。

不久之后，新的选股网站将根据一系列与 ESG 相关的 KPI，对新兴市场的所有公司和成熟市场的所有基金进行排名。这将为投资者提供新的检验其投资组合的方式。例如，如果你关心一家公司的碳足迹胜于关心它向员工支付的工资中位数，那么就在你的对比搜索中赋予前者更大的权重。

总的来说，新一代投资者正在更详细地定义他们期望从所投资的公司中得到什么。腐败无能的高级管理层已无处可藏。

事实上，新兴市场的投资者也是有选择的。尽管几乎很少有人能够承担得起作为积极投资者的费用，因为这需要在全世界范围内实地参与他们所投资公司的管理。但是，他们可以将时间花在消息灵通人士的博客、国际货币基金组织和世界银行的统计数据、透明国际和易卜拉欣基金会（Ibrahim Foundation）的排行榜、投资者新闻频道以及比价网站等上面，并采用负面、正面的筛选测试和加权调整等手段，寻找好的 ESG 机会。或者，他们也可以将选股任务委派给人类或非人工的专业投资者。他们有很多选择。

目前，大多数被动基金的 ESG 合规性只不过是简单核查。如果被动基金选择追踪的指数名称中带有"ESG"标识，那么工作就已经完成，并没有尝试用任何更加精确的方式去衡量投资组合中的某一公司的 ESG 影响，或将该公司与其他同类公司对比。例如 Suatainalytics 这样的专业研究公司的成功表明，人们迫切希望能更好地衡量 ESG 因素，以及为实现联合国的可持续发展目标做出了多少贡献。但是，得到公认的是，收集与 ESG 表现相关的原始数据是一个需要消耗大量金钱的过程，目前投入还明显不足，特别是在新兴市场上。

迄今为止，缺乏精确的 ESG 度量在资本谱系的"影响力"端最为明显，因为这部分非财务性的 ESG 收益对投资者最为重要。对于那些被新兴市场高 ESG 影响力所吸引的人来说，因为 ESG 信息难于获得，他们的投资选择仅限于"积极的"ESG 基金，因为这些 ESG 基金可以通过直接参与董事会和管理层来弥补相对缺乏的信息。

治理是关键

我们在本书中提出的观点是，治理是 ESG 的主要推动力。因为没有良好的治理和管理，企业就不可能采用并实施对环境和社会负责的政策。所谓"良好"治理，是指一组特定的公司治理原则，其中一些可能被描述为"西方的",但我们认为它们具有普适性,因为它们源自商业场景的一般逻辑。

大家对这些原则应该很熟悉了,但还是让我们再次来总结。良好的公司治理包括以下方面。

- 公平,所有股东都得到平等的对待。
- 开放,所有相关信息都同时披露给所有股东。
- 保持一致,公司的管理层利益与股东利益相同。
- 基于被普遍遵守的规则。

新兴市场的公司对资本的渴望促使它们必须承受遵守这些治理原则的压力,因为如果不这样做,它们将被全球流动资金池拒之门外。采纳并遵守这些基本原则的公司,不仅使自己对外国投资者更具有吸引力,同时也引入了一种既适用于公司又适用于政府的治理理念。

对于社会来说,这同样是一套略显颠覆性的思想:政府必须是"公平的",公民必须受到平等的对待;政府必须是"开放的",主要的政策决定必须经过议会的批准或否决;政府必须与人民利益"保持一致",政府必须由人民在自由公正的选举中选出;政府必须是"以规则为基础"的,在司法独立的法律体系面前,财产权得到尊重,公民人人平等。

简而言之,我们相信,那些了解并认同 ESG 原则优点的当地企业负责人将对政府施加压力,要求政府推进自我改革和经济振兴。无论植根于何处,ESG 原则都会使人们普遍渴望建立更加稳定、负责、公正和高效的政府。一个关于 ESG 原则从公司到政治领域的"溢出效应"的例子是,在政府将所在地搬迁到内陆并将城市管理权移交给商人之后,拉各斯发生的转变(见第四章)。

我们并不是说将 ESG 原则融入政治，政府就可以被打造成理想的政府形式，而是说它提供了一种对公司和外国投资者具有吸引力的政府样板。

良好的治理形象很难描绘，但我们想到的是格鲁吉亚首都第比利斯的公共服务大厅的景象，高大的白色蘑菇和细长的茎组成的屋顶覆盖着玻璃办公大楼，象征着公开透明的政府（见第四章）。

新兴市场的希望

就像渔夫偏爱以前没有被打捞过的水域一样，急于扩大影响力的 ESG 驱动的投资者更加偏爱 ESG 标准相对低的公司和地区，因为这是 ESG 福音能发挥最大作用的地方。

新兴市场是渴望获得 ESG 回报以及财务回报的积极型投资者的主要领域。CPI 排行榜排名靠后的国家大部分都是新兴市场国家，新兴市场公司对外资的渴望使它们通常愿意服从于 ESG 的合规要求。

新兴市场公司对 ESG 投资者也有其他吸引力。我们在第一章中提到了跨越式发展经济的机会。例如，成熟市场开发的可用技术使新兴市场国家能够跳过有线通信阶段，直接进入无线和宽带互联网创造的广阔通信空间。新能源技术可以使新兴市场国家跳过传统的能源发展阶段，直接转向使用可再生能源的"智能"本地微型电网。

同样，全球顶级商学院积累的大量案例研究材料，有助于降低发展中国家学习管理学的学习曲线。我们必须再次强调，这并不是说西方式的管理风格，或更加强调 ESG 的欧洲式风格，从根本上说比其他风格"更好"，这仅仅是全球流动资本池的"看门人"用来判断管理和治理质量的标准。

跨国公司的子公司和联合公司可以扮演来自成熟经济体的传教士的角色，其中部分公司根据当地法律要求应由当地人持有多数股份，但是它们都由其国外合伙人根据成熟市场普遍遵守的一般性原则进行管理。

这就正如特洛伊木马的故事，执行团队信奉西方的做事方式，并在他们经营的所有地区推行这一方式。而且，近些年来，这种西方的做事方式和 ESG 原则越来越相符。

然而，这些做法并非只有好的方面。在追求全球扩张的同时，跨国公司有时会利用对当地子公司的实际或事实上的控制权，为自己的股东牟利，牺牲当地共同投资者的利益。跨国公司可能只会支付相较母公司更少的股息，使用转移定价将利润转移到较低税率的司法管辖区，或者征收高昂的集中服务费和过高的品牌名称特许使用费。

总的来看，我们仍认为大部分跨国公司在新兴市场的子公司和联合公司对所在国家的经济发展做出了积极的贡献。

关于非洲

对非洲持乐观态度的观点并不流行。在许多西方人看来，非洲大陆似乎仍然被战争、饥荒和瘟疫所困扰；它的原始经济似乎充斥着腐败；贪婪的精英阶层大规模地偷窃财富，并将所掠夺之物保存在避税天堂。

我们的观点则与此不同。非洲是一个大的经济话题，也许是我们一生中最大的话题。到 2050 年，非洲的人口有望翻一番，达到 24 亿。如果届时非洲的人均 GDP 能接近目前的欧洲水平，那么非洲经济体量将大约是欧洲目前规模的 3 倍。

我们很幸运能够走遍整个非洲，在西海岸和东海岸甚至在津巴布韦投资。对于投资者而言，在非洲到处都有珍珠。这是一个非常令人兴奋，同时伴随着高风险和高回报的地方。在这里，高度腐败仍然猖獗。但是，现在普通人的投资心态也变得更加积极。一个 18 岁的肯尼亚男孩的未来会比他的父母在同样年纪时更有希望，因为他所处的时代更加稳定和透明。甚至，他或他的妹妹可能会被创建一个属于自己的工程公司的想法所吸引。

不要评判或哀叹一个国家的市场缺乏完善的制度，也不要惊讶于其脆弱的产权制度。我们面临的真正挑战是描述并认清当前正在发生的结构性改变，主要是现代远程通信技术带来的影响：移动电话将许多原先被排除在经济活动之外的人吸纳进来，互联网和智能手机创造出更多的商业模式，并提升小企业使用资源和资金的便利程度。

来自底层的行动和乐观主义，推动撒哈拉以南非洲那些发展最快经济体自发形成了考核和制衡机制，这表明越来越多的人从稳定中受益。

当我们进入一个国家寻求投资机会时，我们会与当地政治圈层的周边人物打交道，例如银行家、首席级别的高管、金融机构和企业家等。在许多非洲国家，但可惜并非是所有的非洲国家，我们都观察到这些金融和商界人士创立了公司，并引入良序市场经济下的组织机构。目前，非洲有 29 个证券交易所和一些商品交易所。撒哈拉以南非洲的大多数交易所都是在过去 20 年设立的。

如今，非洲的主要治理风险更多地与中央银行和政治相关，而不是与当地公司相关。根据我们的经验，在建立基于规则的制度体系方面，非洲的私营部门远远领先于公共部门。当向某些非洲国家政府提供贷款时，相较于某些主权贷款人，你会对肯尼亚的啤酒厂或多哥的银行更有信心。

这里通常有两类好处。一些非洲经济体的经济快速增长，推动其治理质量同步改善。俗话说，水涨船高。改善一个国家的公司治理标准将会提升该国所有治理健全的公司的治理质量，并降低该国的风险溢价。

许多投资者避开非洲，是因为其存在太多的不确定性。他们被高增长率吸引，但是担心一旦发生军事政变或其他政治重构，危机会在突然之间以出人意料的方式爆发。

然而，我们对危机更加乐观，因为我们的经验告诉自己，危机更有可能预示着改革和改善的时代，而非衰退或恶化的时代。

积极的优势

一件在当今投资界具有讽刺意味的事情是，ESG 投资（一类新的积极投资）的普及正在与积极投资的普遍收缩（被动基金的增长佐证了这一点）同时发生。

这种背离在投资机会最大但制度基础（产权和司法独立等）最为薄弱的新兴市场尤为严重。被动基金无法应对机制上的弱点。它们由于普遍缺乏信息而无法覆盖欠发达的新兴市场，因此所能做的仅仅是追踪新兴市场指数。只有那些愿意并准备直接和持续地运用自身影响力推动投资组合中的公司提升治理水平的积极投资者，才能弥合新兴市场机会与风险之间的鸿沟。

我们之所以说"持续"，是因为仅仅在投资之前进行尽职调查是不够的。积极的投资者必须在投后利用董事会的非执行董事席位持续跟踪投资组合中的公司（在适当和可能的情况下），或者时刻保持警醒，并在必要的时候直言不讳。

投后时刻保持警醒是有必要的，因为公司向新投资者做出 ESG 承诺是一回事，而公司如何在中长期履行此类 ESG 承诺则是另一回事。有证据表明做到这一点是值得的，迪姆森等人发现长期参与企业管理与治理可以带来超额收益（参见第七章）。在对 613 家美国公司的研究中，它发现，持续参与并专注于公司治理平均可以带来 8.6% 的累计超额收益。

这和我们在新兴市场投资和在解决投资组合中公司的治理问题上总计 80 多年的经验完全一致。我们目睹了这种参与是如何引发成功的变革以及变革所带来的收益。30 年前，马克创立了第一家在伦敦上市的新兴市场投资信托。从一开始就将重点放在公司治理上。迄今为止，他设立的投资组合仍然是最成功的新兴市场基金之一。自该基金 1989 年推出到 2015 年马克离开，总净资产收益率超过 1 950%，而同期 MSCI 新兴市场指数的收益率约为 700%（8.2）。

被动投资的增长表明，在人与算法之间的竞争中，后者在成熟市场中处于优势地位，这在一定程度上归功于所谓的 ESG 投资中普遍存在的"漂绿"（即勾选框）。但是算法是需要大量数据的，目前没有足够的数据支持对新兴市场的自动化投资。

最终，新兴市场上可能会有足够的数据来满足投资算法的需求。然而，这还需要数十年的时间，而且很难想象，在公司治理和 ESG 合规性方面，算法能达到积极的人类投资者所能达到的程度。人与人之间的互动、参与和互信，是实现新兴市场投资成功的核心要素。

我们仍然相信，作为积极投资者，我们在市场中发挥了至关重要的作用。随着新兴市场在全球舞台上的兴起，现在是时候在整个新兴市场倡导 ESG 标准了。公司想要它，消费者期望它，而我们作为投资者应该要求它。这就是我们可以做出长期改变的方式，这就是我们如何实现投资向善。

参考文献

I.1   Ian Prior, 'Boomers vs. Millennials', US Trust, *Capital Acumen*, 33, 2018.

1.1   GSIA, *2016: Global Sustainable Investment Review*, 2017.

1.2   David Pilling, 'How free trade could unlock Africa's potential', *Financial Times*, 4 April 2018.

2.1   NOAA, 'Gulf of Mexico "dead zone" predictions feature uncertainty', 21 June 2012.

2.2   Martin Wolf, 'How to make a carbon pricing system work', *Financial Times*, 29 March 2018.

2.3   'Ali Enterprises: A factory inferno', https://cleanclothes.org/safety/ali-enterprises.

2.4   Department for International Development and Foreign and Commonwealth Office, 'A case study on the Rana Plaza disaster in Bangladesh from the 2013 Human Rights and Democracy Report', London, 10 April 2014.

2.5   ILO, 'Forced labour, human trafficking and slavery', www.ilo.org/global/topics/forced-labour/lang--en/index.htm, 6 February 2015.

2.6   Richard Milne, 'Norway's oil fund sells out of Warren Buffett-owned utility', *Financial Times*, 10 July 2018.

2.7   Leon Kaye, 'Venture fund launched to fight human rights violations in global supply chains', *TriplePundit*, 15 February 2018.

2.8   'Suicides at Foxconn: Light and death', *The Economist*, 27 May 2010.

2.9   John Paczkowski, 'Apple CEO Steve Jobs live at D8: All we want to do is make better products', http://allthingsd.com/20100601/steve-jobs-session/, 1 June 2010.

3.1   Sarah Murray, 'Mo Ibrahim: "It is the head of the fish that goes rotten first"', *Financial Times*, 15 November 2017.

3.2   Mario Macis, 'Gender differences in wage and leadership', *IZA World of Labor*, 2017.

3.3   World Economic Forum, *The Global Gender Gap Report* 2018, Geneva, 2018.

3.4   Macis, 'Gender differences', 2017.

3.5   MGI, *The Power of Parity: How Advancing Women's Equality Can Add $12 Trillion to Global Growth*, September 2015.

3.6   *PwC Women in Work Index: Closing the Gender Pay Gap*, PwC UK, March 2016.

3.7   Marcus Noland, Tyler Moran and Barbara Kotschwar, 'Is gender diversity profitable? Evidence from a global survey', *Working Paper Series*, WP 16–3, Peterson Institute of International Economics, February 2016.

3.8   Vivian Hunt, Sara Prince, Sundiatu Dixon-Fyle and Lareina Yee, *Delivering through Diversity*, McKinsey & Company, January 2018.

3.9   World Economic Forum, *The Global Gender Gap Report 2018*.

3.10   The Philanthropic Initiative, *Women Leading the Way in Impact Investing*, 2018; and US Trust, *2016 US Trust Insights on Wealth and Worth: Annual Survey of High-Net-Worth and Ultra-High-Net-Worth Americans*, Bank of America Corporation, 2016.

3.11   Anjli Raval, 'Aramco IPO puts Saudi Arabia's grand vision to the test', *Financial Times*, 2 May 2018.

3.12   Reuters, 13 August 2015.

3.13   Carsten Huber, *unFAIR PLAY! Labour Relations at Hyundai: A Critical Review*, Geneva: IndustriAll Global Union, April 2014.

3.14   Bryan Harris, 'Foreign funds force Hyundai to "re-evaluate" $8.8bn restructuring', *Financial Times*, 22 May 2018.

3.15   Karl R. Popper, *The Open Society and Its Enemies*, Vol. 1, 5th edn, Princeton, NJ: Princeton University Press, 1966.

3.16   Gianni Montezemolo, *Europe Incorporated: The New Challenge*, Chichester: John Wiley and Sons, 2000.

4.1   David Pilling, 'Why Lagos works', *Financial Times*, 25 March 2018.

5.1   Adam Smith, *An Inquiry into the Nature and Causes of the Wealth of Nations*, London: Ward, Lock, 1875; originally published 1776.

5.2   Adolf A. Berle, *Power without Property: A New Development in American Political Economy*, New York: Harcourt Brace, 1959.

5.3   Nicola Bullock, 'Investors hail S&P 500 move over multiple class shares', *Financial Times*, 1 August 2017.

5.4   Caroline Binham and Anjli Raval, 'UK presses ahead on listing reforms in effort to woo Saudi Aramco', *Financial Times*, 8 June 2018.

5.5   Claudio R. Rojas, 'Eclipse of the public corporation revisited: Concentrated equity ownership theory', *Oxford Business Law Blog*, Faculty of Law, University of Oxford, 22 June 2017.

5.6   Sahil Mahtani, 'Groupe Bolloré and Elliott go head-to-head over Telecom Italia', *Financial Times*, 3 May 2018.

5.7   John Aglionby, Anna Nicolaou and Scheherazade Daneshkhu, 'Consumer goods groups join war on plastic', *Financial Times*, 22 January 2018.

5.8   Leslie Hook, 'Big business in UK pledges to cut plastic packaging', *Financial Times*, 26 April 2018.

6.1   Susanna Rust, 'A new frontier?', *Investment & Pensions Europe*, May 2017.

6.2   Gillian Tett, 'Impact investing for good and market returns', *Financial Times*, 14 December 2017.

6.3 www.impactsummiteurope.com.

6.4 GSIA, *2016: Global Sustainable Investment Review*, 2017.

6.5 Acumen, *Energy Impact Report*, 2017.

6.6 Rob Matheson, 'Study: Mobile-money services lift Kenyans out of poverty', MIT News Office, 8 December 2016.

6.7 Egon Vavrek, 'ESG in emerging markets depends on better data and disclosure', *Financial Times*, 24 July 2017.

6.8 David Stevenson, 'Ethical investing is not just for millennials', *Financial Times*, 9 January 2018.

6.9 *Industrialize Africa: Strategies, Policies, Institutions, and Financing*, Abidjan: African Development Bank Group, 2017.

7.1 Dr D. A. Koehler, 'Changing finance, financing change: The advent of impact measurement for public equities', *Investment & Pensions Europe*, May 2017.

7.2 Guido Giese, Linda-Eling Lee, Dimitris Melas, Zoltan Nagy and Laura Nishikawa, 'Foundations of ESG Investing, Part 1: How ESG affects equity valuation, risk and performance', *Research Insight: MSCI ESG Research LLC*, MSCI, November 2017.

7.3 Gunnar Friede, Timo Busch and Alexander Bassen, 'ESG and financial performance: Aggregated evidence from more than 2000 empirical studies', *Journal of Sustainable Finance & Investment*, 2015, 210–33.

7.4 Gordon Clark, Andreas Feiner and Michael Viehs, 'From the stockholder to the stakeholder: How sustainability can drive financial outperformance', University of Oxford and Arabesque Partners, March 2015.

7.5 Barclays, 'Sustainable investing and bond returns: Research study into the impact of ESG on credit portfolio performance', *Impact Series*, 01, London: Barclays Bank, 2016.

7.6 Emiel van Duuren, Auke Plantinga and Bert Scholtens, 'ESG integration and the investment management process: Fundamental investing reinvented', *Journal of Business Ethics*, 138 (3), 2016, 525–33.

7.7 Alan Livsey, 'Green is not always good for investors', *Financial Times*, 13 September 2017.

7.8 Leslie Hook and Lucy Hornby, 'China's solar desire dims', *Financial Times*, 8 June 2018.

7.9 Elroy Dimson, Oğuzhan Karakaş and Xi Li, 'Active ownership', *Review of Financial Studies*, 28 (12), 2015 (posted October 2012).

7.10 James Kynge, 'Investors in companies that do good do better', *Financial Times*, 20 July 2017.

8.1 Gordon Clark, Andreas Feiner and Michael Viehs, 'From the stockholder to the stakeholder: How sustainability can drive financial outperformance', University of Oxford and Arabesque Partners, March 2015.

8.2 Source: Bloomberg.